生命はどこから来たのか？

アストロバイオロジー入門

松井孝典

文春新書

930

生命はどこから来たのか？　アストロバイオロジー入門◎目次

序章

皆さんは、「インドの赤い雨」という話を聞いたことがあるでしょうか。2001年6月～8月頃にかけて、インド南部のケララ州で、南北500㎞にわたる地域に、断続的ですが赤い雨が降ったのです。場所によってはまるで血の雨のようだったと言われています。

色のついた雨が降ることはそれほど珍しいことではありません。黄色い雨や黒い雨が降ったという話はたまに聞くことがあります。雨は大気中の水蒸気が、何か核になるような物質のまわりに凝結して、降ります。その物質が氷滴や水滴なら普通ですが、何らかの他のものだと色がついてみえます。

黄色い雨は、砂漠などから巻きあげられた細かな塵が正体のことが多く、それが大気の流れによって運ばれ、その周りに水蒸気が凝結して雨となります。黒い雨は、例えば火山の噴火や原爆投下の後などの灰の降下によるものです。

しかし、赤い雨となるとめったに聞きません。その後の研究から、この赤い雨の正体は、実は細胞状の物質であることがわかりました。

この物質についてはその後、それが細胞なのかどうか詳しく調べられました。06年に発表された論文によると、大きさは4～10マイクロメートルで、形態的には細胞状ですが、核やDNAは見つからなかったということです。この雨の降る前に、大気中で大きな爆発音がしたそうで、論文では彗星が大気中で爆発したのではないかと推測しています。そこで論文の著者は、この赤い細胞状物質は彗星によりもたらされたのではないか、と推論しています。

荒唐無稽な話と思われる方がいるかもしれませんが、生命が彗星によって運ばれてくるというアイデアは、イギリスの天文学者フレッド・ホイルとスリランカ出身の天文学者チャンドラ・ウィックラマシンゲが90年代に発表しています。ウィックラマシンゲは現代におけるパンスペルミア説（生命の源は宇宙から持ち込まれるという考え方の総称）のもっとも有名な科学者といっていいでしょう。

そこで、この論文の著者は、赤い雨の細胞状物質は彗星によってもたらされたのではないかと推測したのです。その後、この物質に関する本格的な研究論文は発表されていません。

2012年末のことですが、私のところにイギリス在住の1人のポスドク（博士研究員）が突然訪ねてきました。我々の研究センターで宇宙に漂う塵（コスミックダスト）の表面に生命関連物質が付着していないかの研究を始めたことを聞きつけて訪ねてきたのです。

彼がこの赤い雨の後日談を語ってくれました。この細胞物質はウィックラマシンゲの研究室に送られていて、彼もその研究室の一員として、この細胞状の物質の研究もしているというのです。彼が分析したところ、この赤い雨の細胞状物質中に、細胞核やDNAを見つけたというのです。しかし、06年論文の共著者（赤い雨サンプルの提供者）の承諾が得られないため、まだ論文にはしていないとのことでした。

その後、ウィックラマシンゲの希望もあり、私は彼らと一緒にこの赤い雨の研究を始めることにしました。今はまだこれ以上の研究内容について紹介できませんが、宇宙と生命という分野で、今でも次々と新しいテーマが登場し、研究が進んでいることを示すいい例だと思います。

この話には、さらに後日談があります。実は昨年（12年11月）、今度はスリランカに赤い雨が降ったのです。その調査に関してはあとがきで、簡単に紹介します。

「生命はどこから来たのか？」はいつの時代も最先端の研究テーマであり、かつまた、一般の方にも高い関心を持たれているようです。そこでこのようなタイトルを付けた本は、数多く出版されています。

しかし、爆発的に進展するこの分野の研究の現状をバランスよくまとめた本は少ないように思います。なぜかといえば、このテーマが非常に多様な分野を取り扱わねばならないのに対し、著者が一部の分野の研究者であることが多く、どうしても自分の研究分野を中心に論じられたものにならざるをえないという事情によります。

その全てを網羅しているような解説本もありますが、その場合ほとんどが、多くの著者の共著によるものです。したがって、内容に一貫性がないものが多く、一般の読者にとって読みやすくはありません。そこで一般読者向けに、一貫性のあるものを書く必要があるのではないかと思いました。

このテーマは21世紀の学問の究極的な問いであり、アメリカ航空宇宙局（NASA）が、21世紀の宇宙探査のテーマとして、「生命はどこから来たのか?」を選択し、「アストロバイオロジー」と命名したほどだからです。

21世紀も10年以上が経過し、アストロバイオロジーは急速に発展しつつあります。そこで、その現状について一般の人にも知ってもらいたいと思い、本書を執筆しました。

一般的な問いということでいえば「生命はどこから来たのか?」ということになりますが、生命の進化も含めて一言でいえば「生命起源論」です。生命起源論はギリシャで哲学が始まって以来、いつの時代もポピュラーな関心を集めるテーマです。しかし、宇宙的スケールでそれを問うことができるという意味では極めて現代的なテーマです。神話の時代から人類の問いの中心に位置し、人類というより、ホモ・サピエンスが持つ根源的な問いといってもいいでしょう。

生命とは何なのか、そして生命と呼ばれるものが、いかに地球に出現し、進化したのか、われわれは宇宙で孤独な存在なのか——この3つが生命起源論と呼ばれるものの根源的な問いです。

この問いはさらに、人類にとってもっと根源的な問いにつながっています。それは、「われわれとは何者なのか」です。地球に偶然いるのか、それとも必然なのか、あるいは文明はこれからどこに行こうとしているのか、文明的な生き方をどうして始めたのか、というような問題も含まれます。生命起源論の裏側には、「われわれとは何者なのか」という深遠な問いが隠されているのです。

本書はそうした生命起源論が、今どのような状況にあるのかを網羅的に著《あらわ》すものです。「生命はどこから来たのか?」というテーマについて、多岐にわたる研究分野の現状を紹介します。そこで、はじめに、本書の概略を説明しておきます。

第1章では、アストロバイオロジーという学問の成立する背景をトピックス的に紹介しようと思います。それにより、本書の全体的な内容がつかめると思うからです。

第2章では、これまでの生命起源論の歴史的展開を紹介します。なぜ初めに歴史的展開なのか、といえば、どんな分野でも歴史的な変遷をたどると、物事の本質をつかみやすいと思うからです。生命の起源というテーマがそれぞれの時代にどのように考えられてきたのかを知ることが、このテーマへの導入として、一番適しているのではないかと筆者は考えるからです。

第3章で取り上げるのは、このテーマのマクロ的な視点として、宇宙における生命に関する話題です。宇宙は生命に満ち溢れているのか、それとも逆に、生命は極めて稀な存在なのか——。「宇宙における生命の分布」は、「アストロバイオロジー」の主たる研究テーマの1つです。この分野の発展が現代の生命起源論の中心といってもいいでしょう。

しかしこのテーマは、実は多岐にわたります。宇宙論的な議論から、最近の惑星における生命探査、あるいは系外惑星の探索にまで関わるからです。そこで、この章では主に、宇宙論的な意味での生命に関する議論を取り上げます。宇宙における生命探査は最後の章で紹介します。

第4章では、地球生物学の基礎をおさらいします。地球生物は細胞からできています。細胞とは何か、そのなかで何が行われているのかなど、以降の章で出てくる概念や用語をまとめて紹介しようと思います。

第5章では、「古生物学概論」について述べます。進化という概念が確かだと認められるのは、現存の生物とは別に、今では見ることのできない生物が過去に存在した事実があるからです。そこで、古生物学を紹介します。

古生物学というのは、要するに化石の研究です。19世紀から20世紀にかけて、化石に基づいて生物進化が考えられるようになりました。今でもフィールドワークにおいては、最古の生物化石や、生物進化の歴史をつなぐ新しい化石の発掘が精力的に行われています。同時に、化石を含む地層の堆積学的な研究が進み、地球環境の変遷の詳細についても明らかにされつつあり、環境と生物の共進化という観点からの研究も進んでいます。そのような話題についてこの章では説明します。

一方で、最近は分子生物学的に、生物の進化が研究できるようになっています。生物進化に関しては系統樹という概念が知られています。これは生物の分類と進化を結合させたものです。もともと提案されたときは化石に基づくものでした。しかし最近は、分子生物学に基づく研究で新たな展開を見せ、分子進化学という新しい分野が誕生しています。第6章では、その発展を追ってみたいと思います。

第7章は極限環境の生物についての解説です。生物というと一般には、我々になじみ深い環境（温度や圧力や大気成分、水分の量、水素イオン濃度など）のもとに生息している生物が考えられます。

しかし最近は、なじみ深くはない環境（極限環境）にいる生物も知られてきました。その現状を紹介したいと思います。地球生命は環境が変化するとすぐに絶滅するほどひ弱なものだけではありません。けっこうタフなものも多いのです。月面に着陸した探査機のカメラを何年も後に持ち帰ったところ、その間ずっと月面で生き延びていたと考えられる生命が付着していたことも知られています。

地球上とはいえ、極限環境に生命が存在するということは、地球以外の惑星、あるいは衛星でも生命が存在できる可能性が十分あります。地球以外に存在する生命を考える時、このような生命に関する知識が役に立ちます。地球では極限環境でも、他の惑星ではそれが通常の環境ともいえるからです。

極限環境に住む生命なら、太陽系の他の天体の上でも、十分生存できると推測できます。ですから極限環境で生物を探ることは、アストロバイオロジーの重要な研究分野の1つなのです。

第8章では「ウイルス」の話を紹介したいと思います。ウイルスというと一般には病気との関連で注目されます。しかしウイルスは単なる病原体というだけではありません。生物の進化にも重要な貢献をしていることが、最近わかってきました。

ヒトゲノムや様々な生物のゲノムの解読を通じて、それまで意味不明であった部分がウイルス由来のものであることが明らかにされています。遺伝子が親子という垂直方向だけでなく、種の間で水平に伝播する現象に関しても、新たな知見が得られつつあります。それと生物進化との関連が示唆されるなど、ウイルスと生物進化に関わる問題は将来性のある新しい分野です。その解説をしたいと思います。

そして第9章では、これまで、狭義の生命起源論の研究と言われてきた、化学進化に関する議論を紹介します。地球生物は構造としては、遺伝情報を司る物質とタンパク質から成り立っています。それらの材料物質である核酸塩基やアミノ酸が、地球上、あるいは宇宙環境などで無機的（炭素がつながらない）に合成される過程、それを化学進化といいますが、それについての研究の現状についての紹介です。

そして最後に、宇宙における生命探査について紹介します。それはアストロバイオロジーという学問の中心テーマです。宇宙で生命のいそうな天体と言えば、火星やタイタン、エウロパなど、まず太陽系の天体が思い浮かびます。それらの天体の探査が行われ、今後も探査が計画されています。その紹介です。

加えて、最近は銀河系において太陽系とは異なる惑星や惑星系の存在も知られるようになってきました。そのような惑星における生命の可能性を考えることは文字通り、生命とは何か、その普遍性を探ることにつながります。それらの研究の現状について述べます。

以上が本書の大まかな構成です。生命がどこから来たのか、というテーマがいかに多様な観点から論じられているのかが分かると思います。

第1章　アストロバイオロジーとは

今なぜアストロバイオロジーなのか

21世紀の学問として現在、アストロバイオロジーが立ち上がりつつあることを序章で述べました。アストロバイオロジーは現代版の生命起源論なのです。

では今なぜアストロバイオロジーなのか、その学問としての正統性はあるのか、について以下でもう少し考えてみます。そのような荒唐無稽かもしれない、夢みたいな学問に研究費を出していいのか、という議論も本来はありえるからです。しかし実際に研究費が提供され、研究が進められているという事実は、21世紀の学問として、研究者の多くにアストロバイオロジーが認められていることを意味します。

そういう認識の背景としてなにがあるのでしょうか。例えば隕石中に（隕石というのは天から降ってくる太陽系起源の岩石です）アミノ酸が存在することが知られています。最近では、核酸塩基の存在も確認されています。

しかし、隕石中の有機物質（酸素がついていない還元的な生命関連物質）と地球生命とがどうつながるのかについては、まだよく分かりません。というのは、地球生命が使っているアミノ酸は、特殊なアミノ酸だからです。宇宙にあるような、あるいは隕石中にあるようなアミノ酸とは、少し違うのです。

その違いはなにかといえば、D型、L型といいますが、鏡像関係の違いです。分子には、鏡に映すと対称な関係にある2つの立体的な構造があります。隕石中のアミノ酸はそれが半々に存在し、人工的に合成しても半々になることが知られています。しかし、地球生命の場合にはほとんどが、その一方しか使っていません。アミノ酸や核酸は、どちらか一方しか使っていないのです。その理由はまだ分かっていません。

したがって、隕石中に発見されるアミノ酸から地球生命が形成されたかどうかも、まだ分かっていません。しかし生命の材料物質が宇宙にあるのは事実です。したがって宇宙に生命を探すとか、宇宙的スケールで生命を考えるというのは、昔に比べれば根拠があるといえます。

さらに最近、宇宙は生命に満ち溢れているという考え方を支持する根拠が増えています。系外惑星と呼ばれる、太陽系以外の惑星あるいは惑星系が、次々と見つかっているからです。

これまでは望遠鏡を用いて、系外惑星の観測が行われていたのに対し、最近はケプラーという専用の人工衛星が用いられるようになり、発見される系外惑星の数が急増しているのです。望遠鏡で見つかっていたのは、600ぐらいでしたが、ケプラーが見つけた可能性のある系外惑星は、もうすでに2000を超えています。

ただしケプラーは現在、細かな観測をするというより、惑星を持つ星をくまなくリストアップしているような状況です。候補となった星のまわりを地上から詳しく観測して、スーパーアース（地球と似た環境をもつ大きな惑星）を発見しようとしているのです。最近ニュースとして取り上げられるのは、このような場合です。

昔は木星に似た惑星の発見でもニュースになりましたが、最近はほとんど注目されません。地球にかなりよく似た惑星が発見された場合しかニュースにならないぐらいに、系外惑星はありふれた存在になっているのです。これもアストロバイオロジーが学問として成立する背景にあります。

宇宙には生命が満ち溢れている

今では多くの研究者が、宇宙には生命が満ち溢れているのではないかと考えています。そのため、アストロバイオロジーが学問として認められているのです。過去にも、宇宙に生命が満ち溢れているという考え方が優勢な時代がありました。しかし、20世紀半ばぐらいになると、逆の考え方が優勢になります。太陽系以外の惑星をいくら探しても生命を見つけられず、また惑星形成論の進展により、星のまわりに惑星が生まれることは理論的にはなかなか難しい、という認識がでてきたからです。

惑星がそんなに簡単にできないとすると、宇宙には生命が満ち溢れていないのではないか、地球は特殊な惑星なのではないかということになります。こうして、生命がいるのは地球だけなのではないかというように、雰囲気がふたたび変わってきたのです。

それが20世紀終わりごろからまた変わります。惑星探査を通じて、ある時期に地球と似たような環境をもっていた惑星とか、地球と同じように地表に物質循環のシステムをもつ衛星があることが明らかになってきたからです。

地球の近くにある星を調べるだけでも、系外惑星が無数ともいえるくらいあり、その中に地球と似た惑星も多数あることがわかってきました。ならば、生命は現実に地球にいるわけですから、地球と似たような環境の惑星にいないと考える理由はないことになります。そこで、今では宇宙は生命に満ち溢れているという、前の考え方に戻りつつあるのです。宇宙に生命を探すことを、今では多くの人が荒唐無稽とは思わなくなりました。

アストロバイオロジーに、学問としての正統性を与える観測事実はほかにもあります。それについて、以下に紹介していきます。

火星隕石中の生命の痕跡

宇宙における生命を考えるという点では、もっと直接的な議論があります。96年にNASAが、火星隕石中に生物（細胞）化石らしきものを発見した、と発表しました。地球上の最古の細胞化石と似ている、というのです。細胞化石だけではなく、バイオマーカーといわれる生命の存在を示唆する物質も確認されたということで、世界中で大きなニュースになりました。

この発表後、これが本当に生物の痕跡なのか、という論争が始まります。発表後5年くらいは、様々な国際学会で本物かどうか、激しい議論が交わされました。

結局、学会では、それが生命であるとの結論には至りませんでした。どちらの主張もその根拠はフィフティ・フィフティといったところで決着がつかず、最近ではほとんど論争は見かけません。フィフティ・フィフティだと私が判断する理由を述べておきましょう。

この物質の形態からだけでは、発見されたものが細胞化石であるかどうか判断がつかない、というのはその通りだと思います。炭素の同位体比なども決定的ではありません。

しかし、バイオマーカーらしきものが確認されたことは生物活動の状況証拠といえ、その可能性を完全に否定することはできないと思います。生物が存在すると、その生物と周りの環境との相互作用を示す痕跡が残されます。それが、バイオマーカーです。その観点からは、完全に否定することはできないのです。

マグネタイトという鉱物を例にとりましょう。これは鉄の酸化物ですが、火星隕石中のその鉱物は、地球上で生物活動によって作られるマグネタイトと特徴が似ているという報告があるのです。これは、決定的な証拠ではありませんが、生物の痕跡という意味では、その可能性が50%くらい残っているのではないかと考えられます。

火星探査機バイキングが撮影した火星

宇宙で発見される微生物に関しては、化石以上に難しい問題があります。仮に、将来、火星上で生命が発見されたとしても、それが即、火星で誕生したものとは結論できません。地球産の微生物のなかには、宇宙を旅行できる可能性をもつものがあるからです。

例えば地球から打ち上げる宇宙船や探査機には、様々な微生物が付着しています。そこで、宇宙検疫といって、他天体にもっていく観測機器は殺菌をすることが義務付けられています。本来は滅菌（完全に殺菌すること）が望ましいのですが、観測機器は電子部品を使っているので高温で殺菌することができず、どうしても生き残る微生物がいるのです。現状では滅菌はできないということです。

実際、月面におかれた観測機器を、何年か後に回収して地球に持ってきたところ、生き残っていた微生物が再び増殖したりしたことが報告されています。月の環境下で生物活動をしているわけではありませんが、地球に持ち帰って、もう1度培養すると増えるという意味で、生き残っていたのです。

ということは、火星上でも同様のことが起こりうるわけです。しかも火星は月と違い、地下の環境は極めて地球と似ていますから、そこで増殖することも考えられます。我々はすでに火星を地球生物で汚染してしまっている可能性が高いのです。

また逆に、どこか他の天体に微生物がいれば、それが隕石にのって地球に運ばれてくる可能性もあります。これも、宇宙は生命で満ち溢れていると考える根拠になっているのです。

火星の水

宇宙の生命というと、まず登場する天体は火星です。なぜでしょうか？　次章で詳しく紹介しますが、19世紀末、火星地表の望遠鏡観測の結果が公表された際、いくつかの人工的に見える線状の模様が確認されました。それを運河と解釈した人たちがいて、火星の文明が多くの人たちの注目を集めるようになりました。当時の惑星形成論では、火星は地球より早く進化するため、そこでの文明は地球より早く滅亡したと考えられたのです。

マリナー4号が初めて火星の画像を撮影し、そのような空想が否定されるまでは、火星人や火星の文明の存在を信じる人たちがいたのです。

もっとも、さらにその後の探査により、火星の地表には、水の流れた跡のような地形が数多く見つかりました。それにはいく種類かあり、いずれも流水の作用で作られたと考えられています。今では多くの研究者が、かつて火星は地球と同じように温暖で湿潤な環境にあったのではないかと推測しています。

20世紀の終わりごろから、火星探査は、NASAや欧州宇宙機関（ESA）の宇宙探査の主たる目標に位置づけられ、数多くの多様な探査が実施されています。マーズ・グローバル・サーベイヤー（MGS）という、火星地表のリモートセンシング探査という意味では、極めて高精度の分析能力をもつ探査では、何年かの間に新たに水の流れた跡が見つかるなど、今でも流水活動があることが分かっています。

地形だけではなく、地表に液体の水が多量に存在した物質的な証拠も数多く見つかっています。例えば、地表付近の水の循環によってつくられる堆積岩です。

それまで、ほかの惑星にも存在する地球上の岩石と似たものといえば、玄武岩という火成岩のみが知られていました。花崗岩と堆積岩は地球にしか存在しない岩石と考えられていました。花崗岩は大陸を作っている岩石です。地球のような海を持つ地表環境がないと花崗岩も堆積岩も作られません。

したがって、火星上で堆積岩が発見されたのは、非常に重要なことなのです。液体の水が大量に存在し、それが地表付近を循環した結果、地上で浸食が起き、堆積作用があったことになるからです。

しかも、水が実際に流れた物質的証拠もあります。地層に乱れがあるのです。斜交層理《クロスラミナ》といいます。動きがない状態で堆積すれば平行な層状構造が残されますが、水の流れがあると、堆積状態が変わり、斜めに乱れたような層状構造が残されるのです。地球の堆積構造でしか見られなかったような、独特の堆積構造が火星で発見されたのです。

さらに新しい発見が続きます。前に紹介したマグネタイトとは鉄の酸化状態が違うヘマタイトという鉱物があります。そのヘマタイトの球粒《きゅうりゅう》がたくさん入った地層が、火星で発見されたのです。ヘマタイトの球粒はどのようにしてできるのか？

還元的（酸素が溶け込んでいない）な環境にある水の場合、そこに二価の鉄イオンがたくさん溶け込めます。それが、なんらかの理由で酸化的な水に変わると、二価の鉄イオンは三価に変わります。三価の鉄イオンは二価の鉄イオンに比べ、水の中にあまり溶け込めません。そこでそれが堆積するのです。

地球上には、縞状鉄鉱床という鉄の鉱床がありますが、それができる成因と似ています。火星上でも、還元的から酸化的になる環境変化があって、ヘマタイトが作られたと考えられるのです。もちろんこれは、大量の水が存在した間接的な物質的証拠になります。

実際、火星上で発見されたヘマタイトの球粒と極めて良く似たものが、アメリカのユタ州の堆積層の中に見つかっています。このように火星上に大量の水が存在した物質的証拠が、次々に見つかっているのです。

地球がどうして地球なのかといえば、液体の水が地表に存在し、それが循環することによります。それが生命の誕生と密接につながっているというのが一般的な考え方ですから、火星上に生命が生まれても不思議はないということになるわけです。

エウロパ

火星以外の惑星探査でも続々と新しい発見が続いています。20世紀の終わり頃、有名な天文家ガリレオの名が付けられた探査機が打ち上げられ、木星を周回する軌道に入り、木星やその衛星の探査をしました。

ガリレオが発見した4つの衛星の1つにエウロパがあります。エウロパは大部分が岩石でできていますが、表面100㎞くらいは氷におおわれています。80年代に行われたボイジャーの探査で、その地表が厚い氷でおおい尽くされている様子が撮影されました。

表面の下も氷でおおわれ、理論的にはその底に海があるのではないかとも考えられていました。ガリレオ探査機は、その海があるらしき証拠を見つけたのです。

木星が回る軌道は太陽からはるか離れているため、衛星の地表は極寒です。地下といえども海があるのは不思議なことです。エウロパの内部は、なんらかの理由で加熱されていることになります。実は、潮汐加熱という衛星の内部を加熱するメカニズムがあるのです。

木星のまわりを回るときに、エウロパの軌道は完全な円ではありません。近づいたり遠ざかったりします。すると、そのたびに木星からの重力が変わりますから、変形を繰り返すことになります。重力が強いとその変形の程度も大きく、変形の繰り返しで熱が内部にたまり、暖まるのです。

エウロパの内部は熱く、そのため氷が溶けていると考えられます。場合によっては、岩石から成る内部も溶けている可能性があります。

もし地下の岩石層が溶けているとすると、まさに地球の海の下と似たような状況が考えられます。地球の何千mもの深さの海底には、300℃を越える熱水が噴出する熱水噴出孔が存在します。同様のものが、エウロパの海の底にあるかもしれないのです。

地球では、熱水噴出孔の付近に、地表とは異なる原始的な生物が住んでいることが知られています。そこには、太陽の光を利用しない特殊な生物から成る生態系すら存在します。エウロ

探査機ガリレオがとらえたエウロパの表面

パに海が存在するとすれば、そこに地球の熱水噴出孔に見られるような生命がいる可能性が考えられるのです。

タイタン

土星の衛星にも、生命の存在が考えられるものがあります。タイタンです。タイタンは、土星の衛星の中では最大です。ほとんど水星と変わらない大きさです。

カッシーニ・ホイヘンスと名付けられた探査機が04年に土星の周回軌道に入り、10年近くたった今でも、土星とリング、タイタンなど衛星の観測を続けています。カッシーニ・ホイヘンスという名称は、土星とリングの観測に功のあった研究者の名前に由来します。カッシーニは17世紀前半〜18世紀初頭のフランスの天文観測家で、土星のリングに隙間があることを発見した人です。それは今でも〝カッシーニの間隙〟と呼ばれています。ホイヘンスもほぼ同時代ですが、それより少し前のオランダの天文観測家です。１６５５年、ガリレオが見つけ損ねた土星のリングと、土星の衛星タイタンを発見しました。

カッシーニ・ホイヘンスによる探査は、ＮＡＳＡとＥＳＡの共同プロジェクトです。軌道周回機からの観測をＮＡＳＡが担当し、探査機によるタイタン地表の探査をＥＳＡが担当しました。

04年、ホイヘンスと名付けられた探査機が本体から切り離され、タイタンの地表に向けて降下し、大気や地表を直接観測しました。当時、初めて送られてくるタイタンの地表写真などがニュースで大きく取り上げられ、世界中が盛り上がりました。

もっとも、タイタンの地表は零下２００℃近い低温で電力を消耗するため、探査機が活動できるのはほんのわずかな時間です。その成果は、降下中あるいは着陸時に地表の写真を撮影したことと、降下中に大気の分析を行ったことぐらいです。

生命がいるとか、地上に大量に存在するだろうと予想されていた有機物を見つけることはありませんでした。

一方、カッシーニと名付けられた周回探査機は、土星のまわりを回りながら、繰り返しタイタンに接近し、レーダーを用いてタイタンの地表の観測を続けています。これまでにタイタンの地表のほとんどを、レーダー画像として撮影しています。

なぜレーダーによる観測なのかというと、タイタンは、タイタンソリンという有機物から成るもやのような物質で覆われていて、地表を可視光で見ることができないからです。レーダーによる観測では、可視光の代わりに電波を使い、地表を撮影することができるのです。

その結果、タイタンの大気中では、メタンが雲を作っていること、そのメタンが雨となって地表に落ち、川のような跡を作っていること、海とまではいかないまでも、かなり大きな湖のようにメタンがたまっている場所があることなどメタンの循環を示唆する様々な地質学的な証拠が発見されています。

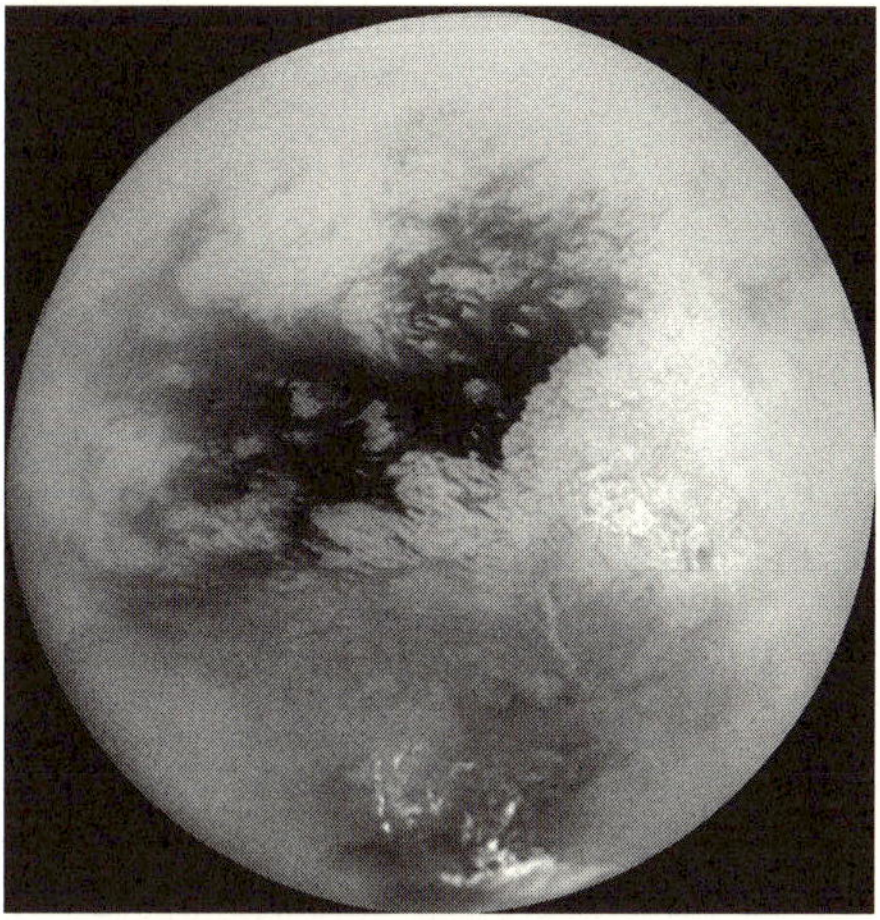
土星最大の衛星タイタン

タイタンでは水は凍って、地球の大陸のようになっています。しかし、メタンやエタンは、零下200℃近い環境でも、液体としても存在できます。それが蒸発して、上空で凝結し雲になり、その雲からメタンやエタンの雨が降って、地表を川となって流れ、それが低地にたまり、湖となる、という循環が起きていることが、初めて確かめられました。

このように、地表付近に物質の循環があることは、生命の存在にとって極めて重要な意味をもちます。それは地球という星になぜ生命がいるかということにも密接に関係しているのです。

地球の場合は水が地表付近を循環しています。それは地球という星がシステムであることを意味します。システムとは、複数の異なる要素から構成され、その間に関係性があり、その結果、ある動的な安定状態（状態が変化しても前の状態に復元できるという意味での安定状態）が維持できることが特徴です。例えば太陽の明るさが変わっても、地球システムが応答し海をもつという平衡状態が、動的に維持されるメカニズムがある、ということになります。

タイタンでは、水の代わりにメタンが循環しています。すなわちタイタンもまたシステムとして機能しているということです。地球システムと同様な意味で、タイタンシステムが定義できるのです。生命も1つのシステムです。したがって、システムではない天体では生命は生まれません。

太陽系の惑星や衛星の多くは、動的ではなく静的な意味で平衡状態にあることが多いのですが、そのような天体で、生命のようなシステムを作るのは難しいことなのです。

つまり、タイタンがシステムであるということは、タイタンに生命が生まれても不思議はないと考える根拠になります。有機物であるタイタンソリンが多量に存在するため、それを材料にして、生命が作られても不思議はないと考えられています。

これはカッシーニ探査機が発見したことですが、エンセラダスというタイタンのずっと内側を回る小さな衛星には活火山があります。このエンセラダスの地表に有機物が存在することが、ボイジャーの探査で発見されました。カッシーニはガイサー（間欠泉）という蒸気が周期的に噴き出している現象も発見したのですが、そこに有機物も含まれていたのです。液体の水があって、有機物があれば、生命の存在が考えられます。

21世紀にアストロバイオロジーという学問が提唱された背景には、太陽系におけるこのような新しい発見があるのです。

地球からのパンスペルミア

地球でもいろいろと新しいことがわかってきています。例えば、地表とは環境が全く異なる、極限環境下にも生物が生きていることが分かってきました。そのほとんどが微生物です。微生物というのは細菌のことですが、ここではウィルスを含めて考えてもいいでしょう。

熱水噴出孔の周辺では、微生物だけでなく、もう少し進化した生物も含め、独特の生態系が形成されています。

微生物の多くは、極限環境も含め地球のどんな環境でも生きていることが、明らかになりつつあります。温度、圧力、乾燥度、水素イオン濃度、放射線環境などがかなり広範囲の条件下で、生存する適応性を持っているのです。

ですから、どんな惑星環境であっても、微生物がそこに配達されれば、生き延びる可能性が高いことになります。

ということは、宇宙から生命がやって来るというより、地球から生命が宇宙に運ばれている可能性も考えられるのです。他の惑星とか衛星に探査機をとばして、地表に着陸機を降ろせば、そこに付着していた微生物が運ばれ、その場で生き延びている可能性もあるのです。

火星の地表には着陸船を何機も降ろしています。タイタンも同様です。ということは、火星やタイタンの地表で、ある種の微生物が生き残って繁殖している可能性があるということです。

金星のように地表が高温灼熱状態の惑星にも、地球発の生命が生き延びられる場所があります。例えば、金星大気中の濃硫酸の雲のなかです。強酸性下に適応できる微生物なら、金星の雲のなかで生き延びることは考えられます。金星の地表はともかく、金星大気中での生物圏は、荒唐無稽な話ではないのです。

以上の議論からもお分かりのように、太陽系天体における生命探査で何が難しいかといえば、そこで発見された生命が現地産か否かを判断することかもしれません。将来、火星やタイタンなど、われわれが探査機を降ろした天体で生命らしき兆候を何か見つけても、それが地球産の生命かもしれないという懸念をもつことが必要なのです。そこで生まれた生命なのかどうかを、何かに基づいて判断しなければなりません。これが、宇宙における生命探査の最も難しい問題かもしれません。

ウイルス

極限環境の生物の研究が、宇宙の生命という問題とどうかかわるかについて、序章で少し紹介しました。ここでは、それに関連してウイルスをどう考えるか、について述べておきます。

これは、現在の生物学が地球でしか成立しないことと関係します。宇宙において生命の存在が確認されているのは唯一つですから、$N=1$ということです。Nは宇宙における生命の存在数で、生命は地球にしかいないという意味です。我々は地球生命しか知りません。したがって生命とは何か、という定義すらできません。

どんな学問でも同じですが、1つしかない対象を研究しても、そこから普遍的な知識は得られません。もう1つの例が見つかれば、$N=2$になり、生命に関する考え方がより普遍化できるわけです。その結果初めて、起源とか進化に関する理論が考えられるようになります。そして、宇宙において成立する普遍的な生物学とは何か、という議論を始めることができるのです。$N=2$の例を見つけられれば、全ての問題を解決する突破口になる可能性があるということです。アストロバイオロジーという学問が誕生した背景のひとつに、このようなこともあるわけです。

ウイルスの存在は、ひょっとすると$N=1\cdot5$に相当するのかもしれません。ウイルスが生命なのか否かという問題は、まだ決着がついていないからです。それはある意味あたりまえのことで、生命の定義ができていない状況を反映しています。

現在、ウイルスとは何ぞや、ということが様々な観点から研究されています。ウイルスと生物を比較して、生命の定義を考えるというのもひとつの考え方です。これまで受け入れられてきた、生命と非生命を分ける境界が変わる可能性もあります。

つまり、ウイルスをどう捉えるかという問題は、生命の起源を考えるうえで、本質的な問題の1つといえるのです。

自然を知る上で、分析手法の発展は本質的なことです。生物学も同様で、分析手法の発展に伴い、細菌やウイルスについて、新しいことが次々と発見されています。その結果、生命と非生命の境界がどこにあるのかが、次第に分からなくなってきています。

昔はウイルスというと、主として病気の原因、病原菌として、医学的な視点から研究されていました。しかし、今では生命進化とウイルスとの関連が、研究者の関心を集め、議論され始めています。

つまり、生物学的観点からも、いまアストロバイオロジーという学問が成立する背景があるということです。このような意味でも、21世紀の学問として大きく発展する可能性があるといえるでしょう。

アストロバイオロジーという学問を探求しようという研究者には、共通の特徴があります。一言で言えば、楽観主義だということです。全ての人が基本的には、宇宙に生命はいると思っているし、いずれ発見されると思っています。何らかの方法によって、たとえ遠くの系外惑星でも検出可能だと考えているのです。

誰も可能性のないことをやろうとは思いませんから、これは当然といえば当然でしょう。非常に困難かもしれないが、人類にとって根源的な問いであり、必ず解けると楽観している。私自身は、賭けのようなもので、私の運がよければ見つけられるだろうと思っています。

宇宙に生命の存在は稀かもしれない

一方で全く悲観的な見方もあります。科学的な立場としても、哲学的にも、神学的にも、逆の見方があり得ます。地球の生命は、特別な存在だという考え方です。生命とは、宇宙の歴史の中で稀に、偶然にしか作られず、地球という星が特異なのだというわけです。まだ現実として、もう1つの地球が見つかったわけではありません。したがってこの考え方は生き残っています。

生命を特徴づける分子は極めて複雑です。宇宙の歴史の中でその生成の可能性を考えたら、生命は偶然にしか生まれません。あとでもう少し詳しく説明しますが、遺伝子の文章ともいえる核酸分子の並んだ配列が作られる確率は、宇宙の広大さや137億年という宇宙の長い歴史を考えても、限りなく0に近くなります。したがって宇宙に生命の存在は稀だというのです。これは、〝宇宙に地球はただ1つという仮説〟(Rare Earth Hypothesis)といいます。生命が住む惑星は、本当に稀にしか存在しないということです。このように、まったく逆の見方もあるわけです。

宇宙に生命が満ち溢れ、知的生命体がいるのなら、もうすでに検出されているはずだ、それが見つかっていないのだからいないのだ、という考え方もあります。物理学者のフェルミがそういう命題を提起していて、「フェルミ(あるいはフェルミ・ハート)のパラドックス」と言われます。「宇宙は広大無辺で、地球より進んだ文明があってもいいが、我々がまだそのような事件に遭遇していないとすれば、それはパラドックスではないか」ということです。逆に考えれば、今もってその痕跡が見つからないということは、いないのだという主張です。

もし宇宙に知的生命体が存在しているなら、もうすでにわれわれは、彼らと遭遇あるいは交信しているはずである、それができていないということは、宇宙には生命が満ち溢れていない証拠ではないかというものです。

「偶然」か「必然」か？

地球生命の誕生と進化に関しても、偶然か、必然かという問題があります。古生物学者の間でもその見解は分かれています。

例えば、グールドという古生物学者は偶然説をとっています。恐竜が絶滅したのは、6550万年前の天体衝突という偶然の結果である。それにより、その後の哺乳動物の進化が加速され、今、われわれがここにいる。天体衝突は偶然の過程にすぎないのだから、今、われわれがここにいることもまた、偶然の結果にすぎない。これが偶然説です。

地質学には斉一説という考え方があります。いま現実に地球上で起きている現象を基に、過去にもそれが同様に起きたとして、その歴史やそこで生起した出来事を考えるものです。

我々が日常的に、天体衝突を目撃することはほとんどありません。2013年2月、ロシアで珍しく、隕石衝突が目撃されましたが、人間の生存を脅かすような衝突の規模ではありませんでした。地球で最近、直径１㎞とか10㎞の大きな天体がぶつかって、人間の生存が脅かされた例を、われわれは知りません。

斉一説は全てを必然の過程として解釈しようという立場ともいえます。したがって、天体衝突のようなアドホックな現象を、地球進化の基本的過程の1つとして考えることを否定してきました。

しかし、1908年にシベリアのツングース地方で、直径100mの天体の衝突が起こりました。これは彗星のようなこわれやすい天体とみられ、上空で爆発しました。

過去に、もっと大きな天体の衝突が起きた証拠は、いくらでも地層のなかに残されています。6550万年前の恐竜の絶滅を引き起こしたような天体衝突の例もあります。しかし、それがいつ起こるかは偶然に過ぎないかもしれません。そのような偶然に起きる転変地異をもとに、地球や生物の歴史を考えることは科学的ではない、と否定する立場もあるのです。

しかし、天体衝突は今でも、太陽系スケールでみれば、日常的に目撃される現象です。例えば、木星などではこうした衝突がしばしば起こっています。ですから天体衝突も、太陽系スケールで見れば、今、われわれが目撃する現象なのです。したがって、これが斉一説に反するとは考えられません。

いずれにしても、昔は斉一説という考え方が地質学においては支配的で、地球の進化において、天体衝突のように突発的、かつ破局的事件を考えることは斉一説に反すると考えられていました。したがって、地質学では否定されてきましたし、古生物学者には、とくにそういう考えの人が多かったことから、グールドもこのように考えたのでしょう。

アストロバイオロジー的には、天体衝突はむしろ、地球や生命そのものを作った基本的な素過程の1つと考えられています。天体衝突によって地球環境は一時的に大きく変わり、その後しばらくして、地球システムの応答メカニズム（元の状態に復元する機能）により元の長期的安定状態に戻る——そのようなことを繰り返している、という認識が普通になっています。天体衝突は偶然の現象だから、我々もまた偶然生まれたのだという主張は、最近ではあまり聞きません。

いずれにしても、まだ生命の起源と進化の詳細は分かっていません。偶然だと決めつけることもできませんが、それを全く否定することもできないといえるでしょう。

生命の誕生が偶然ではないと考えられる例は、他にもいろいろとあります。

例えば、有機物の形成を理論的に考えれば、コレステロールという物質だけでも、立体異性的には、256ぐらいの構造が考えられるといわれています。立体異性とは、分子式は同じでも立体としての構造が違うものです。しかし地球の生命はそのうちの1つしか使っていません。宇宙では普通に起きていることでも、地球環境下では何か特別な選択効果が働くのか、先述のD型、L型という問題もそれと同じことですが、その理由はまだわかっていません。

これらの問題も、別の観点からの、深い示唆を与えている可能性はあります。生命の誕生に至る初期過程は、宇宙では一般的に起こることなのかもしれません。それらの物質がある惑星環境にもたらされると、特殊な生命体へと進化する。地球はそういう場所だったのだとも考えられます。

人間原理

宇宙と生命という問題は、宇宙論的には、もっと根源的な問いに関係します。宇宙における生命の誕生は、偶然か必然かという問題は、じつは、この宇宙はどういう宇宙なのかという問いに関係するからです。そのようなことを考察する学問が宇宙論と呼ばれます。

宇宙論には、人間原理という考え方があります。人間原理というのは、この宇宙を認識する主体である我々が、宇宙を観測しているという事実をどう考えるか、という問題です。

この宇宙に太陽系が生まれ、地球が生まれ、そこに生命が生まれ、我々がいる。つまり、この宇宙は生命を生む宇宙であり、人間のような知的生命体を誕生させる宇宙だという考え方です。この宇宙に生命が満ち溢れているということは、生命が必然的に誕生する宇宙であることを示唆します。それは人間のような知的生命体と宇宙との関わりにも関係します。

そして、人間原理には、弱い人間原理と強い人間原理という考え方があります。われわれの存在や地球のような生命の存在する惑星（星のまわりのハビタブルゾーン）を、宇宙の起源と進化の根拠にするのは、弱い人間原理と呼ばれます。ハビタブルゾーンというのは、星のまわりで、生命が生存できるような領域のことです。

強い人間原理というのはさらにふみこんで、宇宙定数や物理定数にその根拠を求めるものです。宇宙の起源と進化は、宇宙を現在のような姿にならしめる物理定数の上に成立しています。しかし、その物理定数がどうしてこのような値を持っているのかについて、物理学は答えることができません。なぜなら、物理定数、例えば重力定数が我々の知っている値だから、太陽や地球の大きさやハビタブルゾーン、太陽みたいな星の寿命は100億年くらいということが決まるし、地球という星が生命に快適な条件を提供しているのも、物理定数が我々の知っている値だからです。したがって、その数値に普遍的な意味があるわけではないのです。

物理定数によって、今の宇宙の構造や進化が決まっている。その物理定数を根拠に生命や人間のいる宇宙を論じる立場を、強い人間原理といいます。

この宇宙に生命がいる、あるいはわれわれが存在するという事実に基づいて、生命はどこから来たかという議論を考えると、この宇宙に生命が誕生するのは必然、ということになるのです。

この章で紹介したような、生命起源論を考える背景があるから、アストロバイオロジーが今、学問分野として成立しているといえるのです。

第2章

生命起源論の歴史的展開

生命起源論についての議論

本章では、アストロバイオロジーという学問が誕生する前の経緯として、20世紀以前に、生命起源論についてどのような議論が行われてきたか、その歴史を概観しておきます。

生命とは何か、どこから来たのか、どこへ行くのか、宇宙にあまねく存在するのか――これらは、古代から人類が持っていた普遍的な問いなのです。

その疑問にどう答えるかは、時代によって異なります。なぜ時代により異なるのか？

実は、人間が頭のなかで考えることは時代によってそれほど大きく変わることはありません。ギリシャ時代の哲学者が現代の自然に関する観察データをもっていたら、今と変わらない自然観を築いていたかもしれません。時代により答えが異なるのは、その元となる自然の観察データが異なる、つまり自然を見る道具が違うことによります。

現代という時代は宇宙探査が行え、ゲノムが解読できます。それは、地球の重力圏を突破し宇宙に出る技術とか、様々な波長の電磁波を用いて宇宙のはるか遠くを見ることができる装置、巨大な口径の望遠鏡、極微の世界を可視化する電子顕微鏡など、自然を観測する多様な手段を持っているからです。問いは同じでも、技術の進歩に応じて、答えが核心に近づいてくるのです。

そういう意味では現在、我々は人類のこの究極の問いに答えを得られるかもしれない文明段階に達しているのかもしれません。だから、21世紀の学問として、アストロバイオロジーが成立したともいえるのです。

極微動物

今から約300年前のことです。オランダのアントニ・ファン・レーウェンフックという人が顕微鏡を改良して、初めて微生物らしきものを見ました。彼はこの物質にAnimalculesという名前をつけました。訳すと「極微動物」とでもなるでしょう。今でいうところの細菌、あるいはウイルスに相当するものです。

極微動物の存在が知られる以前の生命進化の議論は、動物とか植物とか、われわれが知っている生き物の起源を問うことでした。そして、生命は自然発生すると考えられていました。世界にあまねく存在する生命の胚種が物質を組織して生物を生じるという考え方で、「自然発生説」と呼ばれます。至るところに生き物のもとが存在し、そこから生命が生まれてくるというものです。それがギリシャ以来、非常に有力な説でした。

しかし、極微動物が見つかってからは、生物のもとは極微動物だと考えられるようになりました。

そして議論は、極微動物とはなんなのか、という方向に変わっていきます。生命の起源はなにかという究極の問いは同じでも、その時代ごとに考えるべき課題が変わり、得られる答えが次第に核心に近づいていくのです。

学問におけるブレークスルーとは

このように、どのような問いを設定するかは、学問の発展を考える上で重要なことです。そこで、学問の発展にとって何が重要かということについて少し述べておきます。学問のブレークスルーは何かということです。

従来前提とされているような考え方、その時代の科学的常識といってもいいのですが、それに100％とらわれていると、新しいことを発見することはできません。科学上の新発見は、常識にがんじがらめにとらわれていたら難しいのです。

かつて私が大学院の学生を指導していた頃、まずどういう研究をしたいのか、学生たちに必ずたずねていました。すると大体は、教科書にこう書いてあるからこういうことをしたい、というような答えが返ってきました。

しかし、教科書に書かれていることが全て分かっていることだとしたら、科学者がやることはほとんどなくなってしまいます。教科書に書いてあることには根拠がありますが、その根拠が何なのかを考察することが重要なのです。根拠を考えると、じつは教科書の内容のほとんどは、結構あいまいなことに気づきます。半分くらいは、ほとんど根拠がないぐらいに思わなければいけないと、学生には指導していました。

実は学問のプロとは、「分かっている」ことと「分からない」こととの境界を知っている研究者のことです。その境界を知っているから、新しい研究ができるのです。未知の領域を開拓するにはブレークスルーが必要で、そのためには、それ以前の科学の常識を疑う必要があるのです。

教科書に書いてあることは常識ではありますが、極端に言えば、それを偏見かもしれないと思う必要もあるのです。その常識に惑わされずにそれを乗り越えることが、ブレークスルーを起こすには不可欠なのです。

常識を乗り越えるというのは、口で言うのは簡単ですが、実に大変なことです。生命起源論の歴史的展開を見ても、そのことがよくわかります。それまでの常識をいかに乗り越えるかが、生命起源論の新しい展開の歴史といっても過言ではありません。

余談ですが、かつて東大駒場の学生時代、私は哲学に凝っていましたが、ソクラテスの「無知の知」という言葉の意味がよくわかりませんでした。

ソクラテスは弟子から、「ソクラテスほど賢い人はいない」というデルフォイの神託を聞き、自分はそんなに賢くはないのに、なぜなのかと考えます。そして彼は、自分の知っていることには限界があり、それゆえに無知であることを自分は知っている、このような意味で他の人とは違うと考えたといいます。研究者になってから、この言葉の意味することは、分かっていることと分からないことの境界を知っているということではないかと気付き、納得しました。

私は以前から、プロの科学者、研究者とは、教科書的に分かっていることの限界、分かっていることと分からないことの境界を知っている人のことだと、述べてきました。そして、ソクラテスのいう「無知の知」とはまさにそのことではないかと腑に落ちたのです。その境界を徹底的に追究することこそ、科学におけるブレークスルーにつながるといえるでしょう。

ギリシャの時代

ここで、「生命はどこから来たのか?」について、どのように考えられて来たかを、神話の時代からギリシャ時代、中世、19世紀、20世紀前半まで、以下で順を追って紹介します。神話で語られる世界の始まりから、ギリシャ以降の自然観の変遷と哲学の歴史2500年の概要みたいなものになります。

自然、あるいは世界とは何かを考える分野は、神話の時代は別にして、近代科学誕生以前は自然哲学と呼ばれていました。自然哲学というのは、ギリシャのプラトンやアリストテレス以前の、イオニアの哲学者と呼ばれた人たちにまで、その起源をさかのぼります。

自然とはいっても、今の自然科学が研究対象にするような意味の自然ではなく、人間も自然も一体化したような万物についての考察です。純粋数学のような知的営みも含めて、自然哲学と呼ばれていました。科学という言葉が登場するまでは、今でいう科学者は、自然哲学者と呼ばれていたのです。

ギリシャ時代になぜ、このような合理的な考え方が登場したのか、その理由を考えることは、ホモ・サピエンスとは何かを考える上で面白いテーマです。

まず、この時代に人類が豊かになり、ポリスという都市国家制度が成立し、今と変わらない「人間圏」が誕生したことが挙げられます。なお、人間圏とは私の造語です。「文明」とは、ホモ・サピエンスが生物圏から飛び出し、地球システムの構成要素のひとつとして新たに「人間圏」を作って生きること、というのが私が宇宙的視点から考えている文明論です。その政治的形態の成立と共に、神話をより合理的に考える機運が生じ、「世界とは何か」の説明の過程で、純粋数学、自然哲学が誕生したのです。

ソクラテス、プラトン、アリストテレスなど史上名高い哲学者が登場したことにより、問うべき課題は、より人間中心的になりました。いま風に言えば、「『在る』とは何なのか」という問いを、次のような2つの部分に分けるようなことに相当します。つまり、「主体による認識」と「その対象である客体」を分けて考える兆しが見え、より人間を問うようになります。主体である人間とは何か、あるいは認識するプロセスとは何かが問われるようになったのです。

ギリシャに哲学が誕生したころは、主体と客体はまだデカルトのようには明確に分離されていません。その頃プラトンはイデアということを主張しました。認識という問題から、物体とは何かという問題に至る全てに関係した概念として提唱されたのです。

20世紀になるとこの認識の問題はさらに質的な転換を遂げます。「言語」という主体と客体をつなぐ媒体についての考察が進み、「存在」とは何かという問いがさらに深く追究されるようになります。

スコラ哲学の時代

その後、キリスト教が人々に広く信仰され、社会的影響力をもつようになり、キリスト教神学が登場します。そしていわゆるスコラ哲学の時代が長く続きます。

スコラ哲学はキリスト教とアリストテレスの論理学、あるいは哲学が結びついたような体系で、この時代は自然哲学的には特に見るべき発展はありません。ギリシャ時代を越えることはなく、むしろ衰退します。デカルトに至ってから、精神と物体が完全に分けて考えられるようになりました。

そのアリストテレスの哲学では、「生命は自然発生する」と述べられていました。生命起源論はスコラ哲学の時代、キリスト教神学的な教義問答になってしまいました。

17世紀になってようやく、近代自然科学につながる観測や実験、解釈が盛んになり、さらに現代の自然科学につながっていきますが、キリスト教神学の時代には、自然に対する合理的な見方は、大変な迫害を受けました。例えば、ジョルダーノ・ブルーノのように宗教裁判にかけられて、火あぶりの刑になった人もいるくらいです。自然哲学の伝統が細々と続いて、近代自然科学の時代が到来するまでの長い間、キリスト教神学が自然観に非常に大きな影響を及ぼす時代が続いたのです。

以上のような自然観の変遷のなかで、生命起源論については、アリストテレスの主張した基本原理を信じる時代から、経験主義、つまり実験などに基づいた考え方に変わっていきます。

経験主義が広がるまでは、アリストテレス以来の、例えば自然発生説のような考え方があるだけでした。その根拠は今から考えればほとんどありません。それはアリストテレス自身の生物の観察に基づいたもの、つまりは目に見える世界を人間が観察するレベルの段階です。それが次第に、実験や経験に基づいて考えられるようになり、事実が修正され、その内容が変わっていきます。

アリストテレスの哲学においては、人間や地球、生命は基本的に、神の創造した特別なものとされていました。それが生命の自然発生説の基本ですが、その背景には、地球は特殊な天体であるという認識がありました。

当時の宇宙観では、地球が中心に位置していました。そのまわりに太陽、月、そして5つの惑星がそれぞれ、球殻（周回軌道）を別々に持って取り巻いている、と考えられていたのです。さらにその外側にも星が回っている球殻があるという世界観です。

したがって、地球のような天体は世界でただ1個だけ存在する、という認識になります。それが地球観であり、宇宙観であり、生命観でした。生命の起源は、地球で自然に発生するという考え方だったのです。

こうした考え方は、天文学において、いわゆるコペルニクス的な転回が起きた時に、大きく変わります。天体の運行が地球中心から太陽中心と認識されたことにより、地球は惑星の1つであり、特別な天体ではなくなりました。それは必然的に、地球が宇宙において、特別な場所ではないということを意味します。

これを拡大して考えれば、地球のような天体が天の至るところにあっていいということになります。そうだとすると、もう1つの地球における生命の誕生もまた必然であることになります。この時を境に、宇宙も生命に満ち溢れているという方向に、考え方が非常に大きく転換したのです。

コペルニクス的転回というのは、単に宇宙観が変わっただけではありません。生命観も大きく変わったのです。こういう点まで含めて、コペルニクス主義という言い方もされます。

神話の時代

話を戻します。ギリシャにおいて合理的な考え方が起こり、それが知的な活動として自然哲学や純粋数学、哲学を生み出しました。神話をより合理的な自然観と調和させるための試行錯誤のなかから哲学が誕生したのです。

では、ギリシャ以前、神話の時代はどうだったのでしょう。

神話の時代の頃は、当然といえば当然ですが、宇宙と地球と生物——そこに人間も含めます——を分けて考えることはありませんでした。地球も生命も宇宙もすべて含めて、当時の認識としてはただ1つの世界ということでした。そして、その世界がどう始まったかということに関心がありました。

したがって、生命起源論という特別なものはありません。それは世界の始まりは何なのか、という考え方に渾然一体となって含まれていました。

どの神話にも共通点があります。始まりは混沌であることです。その混沌の世界から、天と地とが分離するのが全ての始まりです。どの地域の神話もだいたい、大地は水の上に浮いているとされます。したがって、混沌は泥のようなものです。そこから水と気体が分かれて天になる、というようなイメージです。天と地が分かれたところに、生き物が生まれてくるのです。

いくつか、そのような神話の例を挙げておきましょう。カルデア神話というのがあります。これはチグリス・ユーフラテス川流域に住んでいた人々の神話です。まだ天地もないときに、大洋というか、海というか、全てを含む、万物のもとになる混沌があったと、彼らは考えました。全てがミックスした状態で、その中にこの世界を生み出すすべての要素があったと考えたのです。それらが次第に形を現わして、世界が生まれたというのが、カルデア人の神話です。

不思議なことに、どの地域の神話もほとんどすべて、こういう筋です。中国に、盤古《ばんこ》神話というのがあります。盤古という、カルデア神話でいえば混沌に相当する、人間のような格好をした神様がいるとされます。その血や指や髪の毛から、様々なものが生まれ、世界やそこで起きる自然現象が出来上がるという話です。

日本では『古事記』の天地開闢《かいびゃく》神話がそうです。天《あめ》の沼矛《ぬぼこ》の先からしずくが落ちたところに、おのごろ島が生まれるというような話になっています。

エジプト神話も同じようなものです。暗き水のような中に、形は混沌たるものではあるが、物質的な材料が全てあったというのが、全てが始まる前の状態です。混沌の中に全てがある、という意味で全く同じです。そこに特別な神様が現れて、世界のありとあらゆるものを作り出したという物語です。エジプトの場合、多神教ですから、地域によって神様は違いますが、神話の基本的な枠組みは同じです。

エジプトの神話のなかで、具体的に語られている創世神話を1つ紹介しておきましょう。これはナイル川のデルタ東部地域に伝わるものです。

天と地に、ヌイトとシブという名前がついています。それが絡み合って、ヌーと呼ばれる原始の水の中に静止しているのが、その最初の状態です。創世の日に、1つの新しい神が原始の水から出現します。そして、この絡み合っているものを分けます。持ち上げられたヌイトは両手、両足で自分の体を支えて、それが天球になるというのです。

そしてもう一方のシブが大地となります。その大地を緑が覆うようになります。これは植物の緑ですが、そこから動物と人間が生まれてくることになります。

エジプトでは、その他にも同様の、より具体的な神話があります。

エジプトではラーと呼ばれる太陽神が特に重要視されています。太陽神ラーも世界の始まりの前は、蓮のつぼみの中に入っていたとされます。ラーを隠していた蓮の花弁が、天地創造の日に開いたために、ラーはそこから飛び出して、天球を回るようになったというものです。なお、これらに登場する名称は全てエジプトの神様の名前です。

アーレニウスの著書『宇宙の変遷』

このような話が詳しく紹介されているタネ本を紹介しておきましょう。啓蒙的な宇宙論などの本を見ると、必ずと言っていいくらい、世界の始まりの神話が紹介されています。特に神話をよく調べているのが、スウェーデンのスヴァンテ・アーレニウスという学者の書いた『宇宙の変遷（史的に見たる科学的宇宙観の変遷）』という本です。アーレニウスは20世紀初めに、パンスペルミア説を唱えたことで一般的には有名です。専門は化学で、ノーベル化学賞を受賞しているほどの学者です。

『宇宙の変遷』は昭和初期の頃に日本語に翻訳されています。訳者は寺田寅彦です。今の人にはあまり馴染みがないかもしれませんが、寺田寅彦は我々の世代では知らない人がいないほどの科学者であり随筆家です。かつては彼の書いた随筆が数多く国語の教科書に載っていました。

2011年3月11日の東日本大震災後しばらく、「天災は忘れたころにやってくる」というフレーズが流行りました。これが彼のつくった標語だということで、多少は知名度が上がっているかもしれません。

私にとって寺田寅彦は、特別身近な存在です。ということで、昭和初期に翻訳されたこの本を、わざわざ手に入れて読んだことがあります。

かつて国立大学には、帝国大学時代から続く講座制という制度がありました。その講座制の系譜でみると、私の引き継いだ地球物理学教室の講座は、寺田寅彦から数えて4代目にあたるのです。

私の先生は竹内均といいますが、竹内先生の先生である坪井忠二という人が寺田寅彦の弟子で、寺田寅彦亡き後、この講座を引き継いでいます。そのようなつながりもあり、寺田寅彦を紹介する本を書こうと思い立ち、史料を調べている過程でこの本を探しあてました。

『宇宙の変遷』の最初の3分の1ぐらいは、主にここで紹介したような神話について書かれています。アーレニウスは過去の文献を実によく調べています。これは現代においても、世界の始まりに関する神話を知るには、いい本だと思います。私の知る限り、世界創世神話をこれほど豊富に紹介している宇宙関係の本は、他にありません。

しかも訳者が寺田寅彦ですから、その内容は信頼できます。残念なことに絶版ですから、今は普通の本屋では手にはいりません（一部のネット図書館等では入手可）。しかも昭和初期の本ですから旧字体で書かれていて、例えば外国の名前も全部漢字です。したがって、読みにくいのが難点です。

しかし、このような本を再発行することには意味があると思います。世界の創世神話を学ぶため以外にも、100年前のわれわれの宇宙観がどんなものであったかを、知ることができるからです。

20世紀の初めに天文学が発展し、どのようなことが分かってきたか、あるいは科学者の関心がどこにあったのか、科学史的に見ても面白い内容です。

今の科学的知見からすると、おかしなことも紹介されていますが、それはそれで、当時の学界の状況や、知識の集積過程の一端が垣間見え、興味深いと思います。

100年前、われわれがどんな宇宙観を持っていたのか、というのは、かつての宇宙観がどのようにして超えられたかという、天文学者の挑戦の歴史でもあります。

自然哲学の誕生

話を戻します。神話時代の次に、ギリシャ時代に至り、どのようにして生命起源に関する考え方が変化したのか、を紹介しましょう。

基本的には、神話の時代とそれほど大きくは変わりません。観測手段に本質的な違いはないからです。あえて違いを挙げるとすれば、考え方が合理的になりました。例えば、イオニアの都市国家サモスのアリスタルコスという人は、太陽のまわりを地球が回っていると主張しました。今と同じ認識をもっていたのです。

しかし、その当時の人々には受け入れられませんでした。もしそうなら、地球には強風が吹き荒れなければならないと、普通の人々は考えたからです。あるいは、地球が動いているのなら、空の星の位置も変わるはずなのに、星の位置は変わらないではないか、これは自分たちが日常経験する空の状態とは矛盾する、と受け止められたからです。

ほかに、原子論《アトム》というものがあります。宇宙は無限で、そこには無数の極微のアトムが満ち溢れているという考え方です。アトムは絶えず運動して衝突を繰り返しています。それにより、われわれが見ている諸現象の全てが引き起こされるというのです。甘さなどの味覚から月の形成に至るまで、全ての現象をアトムの運動の因果関係で考えるもので、デモクリトスとかエピクロスといった哲学者が唱えました。

これに沿って考えれば、宇宙のいたるところに、地球と同じような世界ができてもいいことになります。したがって生命起源論としては、宇宙が生命で満ち溢れていることになります。紀元前の時代から、宇宙は生命で満ち溢れている、と考える人たちもいたのです。彼らは、イオニアの自然哲学者と呼ばれています。

イオニアの自然哲学の考え方は、ローマ時代の哲学者ルクレティウスが、『物事の本質』という本で、詩を通じて紹介しているので、今でも我々が知ることができます。ルクレティウスは紀元前1世紀ごろの人です。先ほど紹介した寺田寅彦は、このルクレティウスにも興味をひかれたようで、その翻訳にも執着しています。

自然哲学的な考え方とは、現実に起きている現象の原理を考察するものです。例えば、原子論に基づいて、万物に関する現象を説明するものです。

原子論でもっとも原理的な認識は、自然は均一であるというものです。そして、すべての過程は完全へと向かう傾向があると考えます。

つまり、特別なことは何もなく、ありとあらゆることが起こりうるという考え方ですから、地球で起こることは他の星でも起きることになります。それが自然の本性であるというわけです。

これは、宇宙が生命で満ち溢れている、という考え方につながっていきます。

ソクラテスやプラトン、アリストテレスらの時代になると、哲学は人間中心主義的になっていきます。人間中心主義ということは、地球中心主義、つまり地球という星が宇宙の中心で、そのまわりに天空の世界がある、という考え方になったのです。こうして、アリスタルコスの主張や原子論は否定されます。それが、驚くべきことに、以後延々と2000年ぐらい続くことになるのです。

アリストテレスの考え方

では、アリストテレスの考え方とは、具体的にどのようなものでしょうか。

彼の考え方は、『天空に関して』という本の中に述べられています。彼の宇宙観、地球観、生命観の中心には、地球が位置する有限の世界があります。そして、世界を構成する物質は、土と空気と火と水の4元素から成り立っているとします。

4元素はそれぞれ、もともとの自然の場所に戻ろうとするような、固有の自然運動をします。例えば、火は燃えると天に向かうとか、水は下にたまるなどです。

地球の外側には天の領域があり、そこには5番目の元素、エーテルという完全な元素が存在し、エーテルが天を満たしているとするのです。そのエーテルの運動が完全かつ永遠の円運動だから、星は円運動を続ける、と考えたのです。

面白いことに、このエーテルという概念は、近代科学が誕生した後も残っていました。その存在の是非は、アインシュタインの光速不変の原理に基づく新しい相対性の概念が生まれる前は未解決の問題だったのです。

光速というのは、マックスウェルの電磁気学理論において重要な概念です。光速不変の正当性を調べるために、光速を測ろうということになりました。そのときまでは、まだ宇宙には、エーテルという媒質があり、光はそのエーテルを伝わる波だと考えられていたのです。

地球がエーテルの中を動いているとしたら、光の伝搬速度も向きによって違うはずなので、向きを変えて測定が行われました。その結果、光速が不変であることが証明されたことで、エーテルは存在しないことが明らかになりました。このようにエーテルという概念は、アリストテレスの時代以来延々と、20世紀の直前まで生き続けていたのです。

話を元に戻すと、アリストテレスのような考え方でいけば、地球は宇宙の中心ですから、1個しかありません。生命も地球の上にしか存在しないので、他にあるわけはない、ということになります。宇宙に生命は存在しないのですから、生命の起源を考えるというのは、地球生命の起源を考えることになります。

生命起源論はアリストテレス以後しばらく、ほとんど何も語ることがないぐらいに停滞します。哲学としては、いわゆるスコラ哲学が生まれます。これは、聖書の神学と、アリストテレスの論理学と哲学とを合体させたようなもの、と考えればいいかもしれません。

この考え方が、その後の世界観を支配し、延々と続きました。したがって、当時の生命起源論は、基本的には教義問答になります。ゴーギャンの絵に「我々はどこから来たのか、何ものか、どこへ行くのか」というタイトルを付けられたものがありますが、これこそまさに教義問答そのものです。

例外もあります。13世紀に、トマス・アクィナスは、神の全能を考えれば、この宇宙に生命が満ち溢れていてもいい、と述べています。この場合の宇宙とは世界というような意味でしょうが、存在するのはわれわれの世界だけではないということを述べているのです。

コペルニクス的転回

16世紀になると、コペルニクス主義が登場します。それ以前は、プトレマイオスの宇宙観でした。これはプトレマイオスの名を冠してはいますが、アリストテレスの考え方を宇宙観として完成させたものです。それをきちんと記述したのが、プトレマイオスという人だったのです。したがって、プトレマイオスの宇宙観は、アリストテレスの考え方そのものです。地球が中心で、太陽や月、惑星、星は、そのまわりを回っているというものです。

プトレマイオスはそれを『アルマゲスト』という本に記述し、精緻にそれらの運動を論じています。それぞれの天体が実際に、どのように運動しているか、その詳細を明らかにしたのです。

16世紀になると、コペルニクスが『天球の運行に関して』という本を出版します。そのなかで彼は、地球は太陽の周りをまわる惑星の１つだと主張します。これは、それまでの地球中心から太陽中心へ、世界観の転換をもたらす考え方でした。

これは、従来の宇宙観の転回だけに留まりません。地球観の転回でもあるし、生命観の転回でもあるし、世界観の転回でもありました。

以後、地球は惑星の１つとなりました。星の周りに惑星がいっぱいあるとしたら、地球や我々のような世界は無数にあってもいいことになります。すなわち、地球や生命はこの宇宙でただ1つという考え方から、地球も生命もこの宇宙には満ち溢れている、と転回したことになります。まさに世界観の転回でもあったのです。

もうひとつ重要な点があります。宇宙が有限でなくなったことです。宇宙は広大であり、無限かもしれない、と考え方が転回したのです。

こうしたコペルニクスの考えを徹底的に考察して本にしたのが、ジョルダーノ・ブルーノという人です。ブルーノは、『天球の運行に関して』とほぼ同じ時代の1584年に出版された『無限、宇宙と世界』で、宇宙は無数の星と人の住む惑星で満たされていると述べています。

これは、コペルニクス主義といってもいいし、ルクレティウスも同様のことを述べていますから、ルクレティウス主義といってもいいかもしれません。ただし、ルクレティウスの述べていることは、彼以前のイオニアの自然哲学者たちが主張していたことと同じであることは、既に非アリストテレス的主張を、初めて明快に述べたのです。

ジョルダーノ・ブルーノはこの本のなかで、キリストは神ではない、とも書いてしまったので、結局、火あぶりの刑に処せられて死んでしまいます。しかし、20世紀の惑星探査の時代になって、月のクレーターに彼の名前が冠せられることになりました。

中世のある年代記に、月の表面で強い発光を伴う現象が起きたと記録されています。最近の知見からすると、それは隕石の衝突によって地表にクレーターがつくられる過程そのものです。そこで、ある研究者が、その年代記の記述に基づき、当時つくられたであろうクレーターを探しあて、ジョルダーノ・ブルーノという名前がつけられました。そのせいでしょうか、私もジョルダーノ・ブルーノに対して、親近感を持っています。

彼とほぼ同じ時代に生きたのが、ガリレオとかケプラーです。彼らはなぜ無事だったのでしょうか。

ガリレオは、地球外生命については語りませんでした。宗教裁判を受け、最後には幽閉されましたが、火あぶりの刑までは行きませんでした。ケプラーは、北方の宗教裁判の及ばない地域にいたので、無事だったのです。

ケプラーは『夢』という本の中で、月への旅とか、月にも人が住んでいることを書いています。ですから、イタリアに住んでいたら火あぶりの刑になっていたでしょう。

フォントネルの本

17世紀に書かれた本に、宇宙と生命というテーマに関して注目すべきものがあります。フランスのベルナール・フォントネルという思想家が書いた『世界の複数性についての対話』という本です。

これは、宇宙は生命に満ち溢れているという考え方を対話形式で書いたもので、当時、多くの人に読まれました。何しろ増刷が100版を数えていますから、大ベストセラーとなったのです。多数の言語に翻訳されてもいます。

同じころ、ニュートンが『プリンキピア』という本を書きましたが、ラテン語で書かれた専門書なので、一般にはほとんど読まれていません。当時の専門書はラテン語で書かれるのがならわしだったのです。いっぽうフォントネルは作家でもあったので、自分の国の言葉で、一般の人向けに書くことができました。これは当時、初めてともいえる試みで、科学啓蒙書のはしりといえるかもしれません。

その本の中で、当時の最新の天文学的知識を紹介しています。太陽系の惑星や、他の星のまわりの惑星に、人や生命が住む可能性を述べてもいます。今から考えると驚くべき内容です。

今となっては原書の入手は困難ですが、科学の啓蒙という意味からも、科学史という点からも興味をひかれます。もし手にすることができれば、見てみたいと思います。この本を紹介した書物の中に、その表紙の写真が掲載されていましたが、表紙からしてなかなか興味深いものです。太陽系が真ん中に描かれていて、その周囲の全ての星のまわりに惑星系が描かれています。これだけ眺めていても飽きそうにありません。

宇宙に生命が満ち溢れていることについて、これだけ具体的に書かれたのは、この本が史上初のものでしょう。一般の人と専門家が、対話を通じて理解を深めていく形式も面白いと思います。

いずれにしても、宇宙に生命は満ち溢れているという内容の本が、当時のベストセラーになったのは驚くべきことです。

17世紀といえば、中世から近世への過渡的な時代です。今でいうところの科学的な知識が増大する一方で、スコラ哲学的な名残りがあるような状況を反映して、自然神学という考え方も登場しました。これは、宇宙を作ったのは神だけど、その運行は自然の法則によるという、非常に妥協的な概念です。神の存在と科学は矛盾しないという立場です。ということは、この頃になると、宇宙に生命が満ち溢れていると考えても、宗教裁判にかけられることはなくなったのです。

むしろこの頃、我々のような世界は多数存在するとか、宇宙に生命は満ち溢れているという考え方が、主流になったともいえるかもしれません。地球は宇宙でユニークな存在であるという従来の考え方のほうが、少数派に転落したのです。つまり、今と似たような状況になったといえるでしょう。

地質学の発展

18世紀後半になると、生命の起源論は大きく発展します。科学技術が発達し、個々の現象を観測する道具が開発され、より遠くを観測したり、極微な領域を見たり、あるいは地球の未開地へ出かけることが可能になり、宇宙と地球と生命に関する議論が研究対象として分かれてきたからです。

世はまさに産業革命が始まろうという時代です。いろいろな技術が新たに開発され、登場しました。天文学とか地質学、生物学という学問が誕生する背景が整ってきたのです。その分野の知識が蓄積されてくると、本章の最初にも述べましたが、問いは同じでも得られる答えが違ってくるのです。

18世紀の終わり頃まで、世界の始まりについては、聖書に書かれている記述に基づいて考えられてきました。地球は6000年ぐらい前に作られてほとんど変化していないという静的な地球観、歴史観だったのです。

この静的な歴史観に基づいて、生命の歴史も論じられていました。このころ、それも大きく変わります。太陽系の誕生はずっと昔のことであり、地球も長い歴史を持っていることが、次第に明らかにされていくのです。

例えば地球観として、どういう考え方が登場したか？

イギリスのジェームズ・ハットンは、現代につながる近代地質学の創始者のような人です。そのあとにイギリスのチャールズ・ライエルという人が登場して、地質学の基礎が作られます。斉一説とか、地層累重の法則が提唱され、古生物学が誕生し、地質学の基礎が作られてきます。

斉一説は前にも紹介しましたが、地質学の根本原理です。地球の歴史を考える際、今の地球に生起する自然現象を基に考えるので、聖書にあるノアの箱舟のような地球規模での破局的洪水は、考慮しないことになります。それまで主流だった、聖書の記述に基づいて歴史を捉える立場を否定し、観察と実験に基づいて考えることが主流になっていったのです。

古生物学の誕生は、科学的に生物の歴史を考える上で、もっとも画期的な変化です。その結果、生物は時代とともに形態を変える、という認識が生まれてきました。昔と今では違うというわけです。

19世紀には恐竜の化石が初めて発見され、生物観が変わりました。こうして、過去には現在とは異なる生物が存在したことなど、生物の歴史が少しずつ明らかにされてきたのです。

天文学の発展と星雲説

天文学も大きく変わります。静的な宇宙ではなく、宇宙はいつでも変化しているという動的な宇宙観が登場し、惑星の起源論として星雲説のような考え方が提唱されます。

太陽系のような惑星系がいかに形成されるのかについて、天体観測から得られる知識をもとに、初めて合理的な思考が可能になりました。一方、フランスのピエール＝シモン・ラプラスという天体力学の創始者的な人が、太陽系の構造が力学的に安定していることを数学的に証明しました。彼は、『世界の体系の紹介』という本の中で、太陽系起源論として星雲説を唱えています。

星雲説について少し紹介しておきましょう。

イギリスのウィリアム・ハーシェルという天文観測家が当時、何千という星雲のカタログを作りました。現在では、星雲の大部分は銀河であることが分かっていますが、当時はその区別はありません。星雲の中で星や惑星が生まれるという考え方が星雲説で、ラプラスがそれについて述べています。しかし、これより先に、ハーシェルも同様のことを多少書いています。

この頃、星雲は、重力によってだんだん収縮・崩壊する、熱いガス雲と考えられていました。星や惑星は、熱い収縮するガス雲から生まれると考えられたのです。しかし、その当時の物理学には、熱力学はまだありません。したがって、その詳細については何も語れませんでした。

ガス雲が縮んでくると分裂し、一連のスパイラル状のものが生まれ、それがさらに冷えて、惑星が生まれる――このように、太陽系が太陽のまわりの星雲みたいなガス雲から生まれるという考え方が星雲説なのです。

太陽以外の星も同様に生まれると考えられますから、宇宙には太陽系のような惑星系も無数にあることになります。宇宙に地球のような惑星が満ち溢れているという理論的根拠が初めて与えられたのです。

しかし星雲説はその後、１８３０年代までほとんど冬眠状態のようになります。哲学者のカントが初めに主張し（１７５５年）、後にラプラスが修正した（１７９６年）ので、カント・ラプラスの星雲説と言うこともありますが、これは単なるアイデアという程度にとどまり、詳しくは研究されませんでした。

なお、カントが主張したのは冷たい微粒子から太陽系が生まれたということで、一方、ラプラスは、高温のガス星雲から生まれたと考えたので、その中身は少し異なります。この考え方が発展するのは、１８４０年代から70年代にかけてです。産業革命の進展に伴い、熱力学が発展し、星雲説の詳細を調べる手段が生まれたからです。

熱力学が発達し、星雲の中で熱いガスがどう冷えるか、あるいは生まれたばかりの天体がどのように冷えるかという議論が、物理的にできるようになりました。その結果、星雲説が発展します。

まわりのスパイラル状のリングは太陽よりも先に冷えるはずで、年代的により古いことになる。ということは、太陽よりも惑星のほうが古い。惑星の中でも、外に行くほうが早く冷えるから、外側にある惑星のほうが古い。あるいは、小さいほど早く冷えるから古い。このような推測が可能になりました。

こうした進展は、この後紹介する火星の文明についての議論につながります。

今日、火星に生命がいた可能性について探査が続けられていますが、20世紀前半の頃は、火星に文明が誕生していたのではないかと、まことしやかに議論されていたのです。星雲説によると、地球より火星の方が、形成年代が古いことになるから、火星の文明は我々より先に滅んでいるはずで、その文明が火星の上に見られる運河のような地形を残したのではないか、というのです。火星に文明が誕生しても、惑星としての寿命は先に尽きるので、その文明は既に滅んでいて不思議はないというわけです。

このような議論の背景には、星雲説の進展があったのです。

地球年齢の推定

また、地球や太陽がいつ誕生したのか、という議論もできるようになりました。

フランスのジョセフ・フーリエという数学者がいます。フーリエ級数などとして、その名前が残っています。この人が初めて、ある境界条件のもとでの熱の伝導という問題を解きました。

その結果、天体が冷却する時間が計算できるようになりました。星や惑星の年齢が理論的に推定できるようになったのです。

1850年代になると、ケルビン卿が登場します。熱力学の完成に大きく貢献した人物で、その学問的業績により男爵になったので「卿」と呼ばれますが、ウィリアム・トムソンという、当時を代表する物理学者です。

このケルビン卿が、聖書の記述に基づいてではなく、熱力学を使って初めて論理的に地球の熱史を計算しました。境界条件によって結果は変わりますが、彼は熱い地球が冷えるのに、2000万年から4億年あれば十分だと主張しました。こうして、地球の歴史が物理的に推測できるようになってきたのです。

太陽の年齢も推定できるようになりました。太陽の場合、その熱源が重力エネルギーなら、2000万～3000万年で冷えてしまいます。それに合わせて地球の年齢も引き下げられ、2000万年と推測されました。

また、惑星の最後とは何か、についても議論されるようになります。このころ、熱力学の第二法則が発見されました。これにより、利用できるエネルギーと利用できないエネルギーが区別され、利用できないエネルギーに関してエントロピーという概念が導入され、エントロピーが増大することが分かったのです。この法則を基に、惑星の熱的死とはどんな状態なのか、について議論することができるようになりました。

星雲説によると、外側の小さい惑星は内側の惑星より年齢が古く、しかも冷たいと考えられます。ならば、外側の小さい惑星は、すでに熱的死の状態にあることになります。そうすると、火星の文明とか生命は、地球より先に終わりを迎えているはずである、というような議論につながることは、前に紹介しました。

1814年にフラウンホーファーという人が、太陽スペクトルの吸収線を分析しました。その結果、太陽にナトリウムやマグネシウムなどの元素があることが発見されました。太陽も地球と同じ元素からできていることが、初めて明らかにされたのです。

さらに観測が進み、ほかの星も太陽と同じような元素からできていることが分かりました。こうして、太陽などの恒星と惑星は元素組成が似ている、という議論が初めてできるようになりました。

19世紀終わり頃になると、地球で放射性元素が発見されます。放射性元素は核分裂のエネルギーをもつ元素です。この発見は、太陽や地球の熱源について、全く新しい視点を与えました。天体の年齢は、単に天体の冷却時間だけでは推定できないことを意味するからです。

恒星も惑星も同じような元素組成なら、地球にある元素は太陽にもある。したがって太陽にも放射性元素があるはずだ、ということになります。であれば、太陽の熱源は放射性元素ではないかということになります。

ところが、太陽の表面では、そのスペクトルを調べても放射性元素は見つかりませんでした。ということは、太陽の熱源は核分裂ではないらしい、という結論になり、太陽の熱源は何かという問いは振り出しに戻ります。最終的には、核融合ではないかと考えられるようになります。放射性元素は原子核が分裂することによって熱を発生します。一方、その後わかったことですが、星の中では水素の原子核が融合して、ヘリウムの原子核が作られるなど、核融合という現象によって熱が発生するのです。

さらに、遠くの星の元素組成も推定できるようになりました。ほかの星も太陽と同じような元素からできていることが分かりはじめ、宇宙の世界はどこもほとんど同じだ、という新たな根拠が追加されたのです。

19世紀には生命の起源論において、特筆すべき考え方が提起されました。1859年のことで、イギリスのチャールズ・ダーウィンによる自然淘汰説です。

自然淘汰説は進化に関する現象論で、生命の起源や進化のメカニズムに関して何かを語ったものではありません。しかし、生物進化に関する基本的パラダイムが19世紀に登場したのです。生命の起源を考える上で、生物が進化しているという概念は、非常に大きな影響を及ぼすことになります。

火星人について

ここで少し、火星人と運河に関する話を紹介しておきます。宇宙と生命に関して、19世紀に登場した新しい議論といえば、火星人と文明の話だからです。

1877年、火星と地球が大接近しました。スキアパレリというイタリアの天文観測家が、その時、22cmの屈折望遠鏡を使って、火星の地表を観測しました。彼はその結果を、地図の形でまとめましたが、そこに暗い直線的な線を描きました。その後、それが何なのかという議論が起こります。フランスの天文学者兼作家、カミーユ・フラマリオンは、これを火星人の建設した建造物だと解釈して、著作で紹介しました。

その結果、宇宙と生命に関する具体的な問題として、新たに火星の運河と知的生命体の存在が浮上したのです。これは、当時の天文観測の非常に大きなテーマになり、様々な人が本気で調べるようになりました。

スキアパレリはその後、最初の観測から10年ぐらいの観測データをまとめて、第2版の火星の地図を発表します。その図では、あたかも人工的な線であるかのように、火星の上に運河が描かれています。フラマリオンはそれに基づき、さらに火星の知的生命体の話を展開するようになります。

一方、１８５５年から１９１６年にかけて、アメリカに、パーシヴァル・ローウェルという大富豪がいました。この人のお兄さんは、ハーバード大学の総長でした。家族は文化的な素養があり、お金もありました。ローウェルは日本にも旅していて、『極東の魂』という本を書いたりしています。

彼は１８９４年ころ、天文学に興味を持ち、ハーバード大学ゆかりの人たちを連れてアリゾナに行き、フラッグスタッフという地に天文台を建設しました。現在、ローウェル天文台と呼ばれるところです。

この年は、火星がちょうど衝の位置関係にありました。衝というのは、太陽をはさんで地球の反対側に火星がある状態を指します。満月に相当する火星を見るようなもので、火星を観測するのに都合がいい位置関係です。

ローウェルも、自身の火星観測に基づいて本を書き、そこに地図を描きました。その地図によると、かつて文明が存在し、人工的な建造物が造られたかのようです。

そのようなものを描いた背景には、前にも紹介したように、当時は、火星は地球より先に進化している惑星と考えられていたことがあります。すでに冷えていて、人が生存するのは困難な環境になっていると推測されていました。したがってそこに文明が存在するのなら、人工的な建造物を造って生き延びようとするだろう、と想像したのです。

このように、20世紀になるかならないかのころは、火星の文明が世の中の大きな関心事だったのです。

スペンサーの進化論

そうした中、イギリスの哲学者で社会学者でもあったハーバート・スペンサーが、壮大な考えを発表します。物理学から生物学、社会学にいたるまで全てを統合して、『統合的哲学大系』という本を書いたのです。生命も文明も、宇宙的スケールで議論する風潮が高まったことを象徴しています。

そこにはダーウィンの進化論の影響がありますが、彼が進化という概念を考えたのは、じつはダーウィンより前のことです。スペンサーは、コズミック・フィロソファーとか、ソーシャル・ダーウィニストなどと呼ばれています。進化論を社会学に適用して、適者生存という考えを展開し、社会は進化すると主張したのです。

これはダーウィン的というより、むしろラマルク的といえます。ジャン＝バティスト・ラマルクはダーウィンより先に進化論を論じた人です。進化論の先駆者と言えばその前にさらに、フランスのジョルジュ＝ルイ・クレール・ド・ビュフォンという植物学者が、進化のアイデアを述べています。そのアイデアを受けてラマルクは、進化のメカニズムを述べたのです。したがって、彼は最初の進化論者と呼ばれます。

ラマルクは、獲得形質は遺伝する、と主張しました。用不用説と呼ばれます。これは現在では否定されていますが、進化のメカニズムを述べていますから、当時はけっこう信奉者もいたようです。ダーウィンもそれを信じていたといわれています。動物の器官は、より多く用いられることによって発達し、それが次の世代に遺伝していく。それによって進化が起こったという考え方です。

20世紀直前の西欧では、宇宙も生命も社会も一体として論じるような思想が生まれてくる状況にあったのです。

20世紀の惑星形成論

つづいて、20世紀前半に「宇宙と生命」観がどう進展したかを紹介しておきます。いよいよ現代に近づいてきますが、面白いことに、宇宙に生命は満ち溢れているという考え方は、逆に後退したともいえます。

20世紀前半になると、星雲説にかわって、新たな惑星形成説が唱えられるようになりました。これは微惑星説とでもいうべきものです。しかし、今、われわれがいうところの微惑星説とは少し違います。アメリカの地質学者トーマス・チェンバレンと天文学者のフォレスト・モールトンが言い出したものです。

星同士が近くで遭遇すると、重力によって一方の星から、物質がスパイラル状に流れ出して冷え、微惑星が生まれる。その微惑星が集まって惑星になるというのが、2人の考え方です。

この考えに基づくと、宇宙に惑星の存在は稀だということになります。なぜなら、宇宙において、星が近くで遭遇する頻度は少ないからです。ならば、宇宙に惑星系があるとしても、それが作られる確率はかなり低いことになります。

星雲説は、どんな星のまわりにも惑星があるという考え方です。それに対してチェンバレンとモールトンの微惑星説は、惑星の存在は稀だという主張につながり、地球も生命の存在も稀かもしれない、ということになります。以前の考え方に逆戻りしたのです。

チェンバレンとモールトンのあとに、ジェームズ・ジーンズとハロルド・ジェフリースという2人の英国の研究者が登場します。1人は天文学者であり、もう1人は地球物理学者です。彼らは、星同士が遭遇したら、なにが起きるかを物理学的にきちんと検討して、ジーンズの潮汐説と呼ばれる惑星形成論を新たに提唱しました。

彼らの推計では、星同士が遭遇する頻度は30億年に1度と、さらに低いことになりました。したがって、惑星の形成は稀にしか起こらないという考えが補強され、地球の存在も稀、生命の存在も稀、ということになりました。

系外惑星

20世紀半ばごろから、太陽系以外の惑星系探しが行われるようになります。しかし、なかなか見つかりませんでした。太陽系以外の、他の星のまわりにある惑星を、系外惑星と呼びますが、１９９５年頃に、天文学者は系外惑星探しから撤退しました。いくら観測しても系外惑星が見つからないので、星のまわりに惑星は稀にしか存在しないという考え方が、観測的にも、20世紀の主流になっていきました。惑星が稀なら生命の存在も稀だということになります。

しかし、まさに、事実は小説よりも奇なりで、その撤退直後に、偶然ですが、他の星のまわりで惑星が見つかったのです。以後は系外惑星の発見が相次いでいます。

今では、地上からの望遠鏡観測でも、６００に近い惑星が見つかっています。最近はケプラーと呼ばれる、宇宙にあげた望遠鏡で探しているので、その数は飛躍的に増えています。

こうして、宇宙と生命という議論の振り子は再び逆方向にふれます。今は、系外惑星の候補が何千と見つかっていますから、宇宙に生命が満ち溢れているという考え方が主流になっているのです。

ＳＥＴＩ（Search for Extra-Terrestrial Intelligence、地球外知的生命体探査計画）が始まったのも、20世紀の半ば頃からです。これは宇宙に文明があるとして、そこから送り出された電波を観測しようという試みです。

生命の起源に関する考え方――自然発生説

ここまでは、宇宙観とか地球観に連動した生命起源論の話を紹介しました。本章の最後に、生物学的な生命の起源論の歴史的展開を簡単に紹介します。

最初に述べたように、ギリシャ時代以降、生命起源論は、基本的にアリストテレスの自然発生説にしたがっていました。生命は自然に発生してくると考えられてきたのです。この考え方が2000年近く、受け入れられてきたのです。

自然発生説は、基本的には神話の時代と変わらない考え方です。生命のもとのようなものが至るところにあり、自然に発生してくる。デカルトも生命の起源を論じていますが、生命の誕生にとって必要なのは、腐敗した物質であり、それが熱によって激しく攪拌されれば、生命が生まれてくる、というようなことを書いています。

宗教的にはPre-existence Theory（霊魂先在説）という考え方になります。もともとあるものがただ、姿を現すかどうかだけの問題だという認識です。

これが大きく変わるのは、17世紀になってからです。実験的に自然発生説を検証することが始まったのです。例えばイギリスのウィリアム・ハーベイという生理学者は、すべての生命は卵から生まれるとして、自然発生説を否定しました。

画期的な転換点は1674年のことです。前にも紹介したように、オランダのレーウェンフックという織物業者が、極微動物なるものを発見したのです。これにより、生命は自然発生するのではなく、極微動物、今でいう微生物が元になっているのではないかという考えが広がりました。したがって、自然発生説は、極微動物がどうやって生まれてくるのか、という問題に変わっていきます。

18世紀も基本的には自然発生説が主流のままです。19世紀になってから、フランスの生化学者、ルイ・パスツールの有名な「白鳥の首フラスコ実験」によって初めて、自然発生説は明確に否定されました。

当時、フランスの科学アカデミーが、自然発生説を検証した人に賞金を出すことにしました。ルイ・パスツールはそれに応募して、自然発生説を否定する実験を行い、その賞金を獲得したのです。

彼はまず、微生物はいたるところに存在することを証明します。いたるところに存在するものを閉じ込めれば、一見すると何もいないように見えても、そこから生命は生まれてきます。したがって、いたるところにいるはずの微生物を全部殺してしまうか、あるいは入らないようにすれば、生命は誕生しないことを実験的に示したのです。

ここに至って初めて、自然発生説が否定されました。これは画期的なことです。アリストテレス以来の偏見が、初めて打ち破られたのですから。

生命は地球で生まれたのか、宇宙から来たのか？

自然発生説が否定されると、論理的には生命の起源論としては2つしか残りません。地球外から持ち込まれたものか、地球の上で誕生したかのどちらかです。前記のように宇宙から持ち込まれる、という考え方は、パンスペルミア説と呼ばれます。これは昔からある考え方です。ケルビン卿もこれを支持しています。ドイツのヘルマン・フォン・ヘルムホルツという物理学者も同様です。

前に紹介したように、アーレニウスというスウェーデンの化学者も、この考え方を積極的に主張しています。彼はこの考え方をきちんと検討し、新たにその輸送のメカニズムを提唱しています。そこで彼が、20世紀以降のパンスペルミア説の提唱者のように紹介されることもあります。

宇宙に生命が誕生したとしても、それを運ぶメカニズムがなければ、生命は地球に運ばれてきません。アーレニウスはそのメカニズムとして、光の輻射圧を初めて提唱したのです。光は微力ですが、それが当たると物体に力を及ぼします。物体が小さく、他に作用する力がなければ、それは物体を加速します。微生物というか胞子のようなものが宇宙で光の輻射圧を受ければ、飛ばされて地球に到達しうると考えたのです。

地球上での生命の誕生、という考え方を発展させた人物として有名なのは、アレクサンドル・オパーリンとジョン・バードン・サンダースン・ホールデンです。

オパーリンは旧ソ連（現在のロシア）の科学者で、ホールデンはイギリスの生物学者です。地球上での生命誕生説は一般に、この2人の名をとって、ホールデン・オパーリン仮説と言われます。2人とも、地球の上で生命が誕生すると主張し、まず生命とは何なのか、ということを突きつめなければならないと考えたわけです。オパーリンは1924年頃、宇宙から生命がもたらされるにしても、それはどこかで作られるはずで、それなら地球で考えればよいではないかと述べています。ホールデンはオパーリンの考えが西側に紹介される前に、1929年のことですが、生命は原始地球において簡単な鉱物や有機分子から合成されるという考えを論文として発表しています。

オパーリンは生物の誕生前に、まず生物を構成する材料物質を作る長い化学進化の過程があり、それらが集まって生命がつくられると主張しました。主張するだけではなく、化学進化に関する実験もいろいろと行っています。アミノ酸や核酸塩基を無機的にどう合成するか、あるいは細胞膜のような構造をどう合成するかなどです。

ホールデンは、生命と非生命の違いに注目しました。生命と非生命の違いはどこにあるのか、その線が引ければ、生命の起源に迫れるだろうと考えたわけです。現在、ウイルスに関して同じような議論がなされています。

バクテリオファージが発見されたのは1世紀くらい前のことですが、ホールデンは、このバクテリオファージが生命の起源にどんな意味を持つのかについて研究しました。ウイルスは生命なのかどうかという議論を展開し、そのなかで生命の起源を考察したのです。

化学進化

20世紀後半になると、化学進化に関して、様々な実験が行われるようになりました。最も有名なのは、アメリカの化学者、スタンリー・ミラーの実験です。

彼はメタンやアンモニア、水素、水の混合ガスに火花放電を起こしました。材料物質を用意し、火花放電というエネルギーを加えたのです。

すると化学反応が起こり、その生成物の中に、酢酸や尿素、グリシン、アラニンなど、生命に必須の物質が存在することを見つけました。このようにして、生命の材料物質が無機的に合成できることが、初めて示されました。ミラーの指導をしたのは、重水素を発見してノーベル化学賞を受賞した、ハロルド・ユーレイという学者です。なので、この実験はミラー・ユーレイの実験として知られています。

それ以来、この種の実験は、ガス組成を変え、エネルギー源を変え、無数に行われています。しかし、本質的な進展はなく、今もミラー・ユーレイの実験の段階に留まっています。極論すれば、気体の組成を変えたり、加えるエネルギーを変えたりして行っているだけです。

エネルギー源としては、火花放電の代わりに宇宙線を使うとか、火山の熱、あるいは衝突のエネルギーを使うなど、さまざまな環境を想定した条件下で、実験が今も続けられています。

一方、宇宙で生命を探す試みも続けられています。バイキング探査機以来、火星には数多くの探査機が送りこまれ、軌道上から、あるいは地表で探査が行われています。２０１２年には、キュリオシティという大型の火星ローバーがゲール・クレーターに軟着陸し、生命探査を行っています。いずれ新しい発見があるだろうと期待されています。

第3章　宇宙と生命

我々は星の子

我々はその存在自体が宇宙的です。太陽がなければ我々は生きられません。例えば、ほとんどの生物が食料を植物に依存しています。そのエネルギー源である糖質（グルコース$C_6H_{12}O_6$、ブドウ糖）の合成には、光合成が必要です。我々の物質的構造を考えても、材料となる元素は全て星のなかで作られたものです。我々は星の子なのです。

本章では、宇宙と生命との関わりについて考えてみたいと思います。宇宙といっても様々な視点がありますが、ここでは超マクロ的な意味で考えます。この宇宙と一くくりにするような宇宙からの視点です。

宇宙と生命といえば、宇宙における生命探査も重要ですが、それは最後の第10章に譲ります。本章では生命の宇宙論的な議論を紹介しようと思います。

地球の生命とは何か？　一言で言えば、細胞というシステムです。その構造が連続的に維持されていると、生命と呼ばれます。生きているとは、細胞がシステムとして機能していることなのです。

具体的には、細胞を作る材料であるタンパク質が作られ、更新され、その機能が維持されることです。それを代謝といいます。

代謝とは、生物の体内で起こる様々な化学反応の総和と思えばいいでしょう。そのためにはエネルギーが要ります。例えば、我々の仲間（光合成をしない生物）は、グルコースという糖質の分子を分解して（水と二酸化炭素になります）、エネルギーを取り出しています。グルコースが化学燃料です。

一般に、複雑な分子が単純な分子に分解されると、化学結合中に蓄えられていたエネルギーが放出されます（異化反応といいます）。逆に単純な分子から複雑な分子が合成されるときにはエネルギーが必要です（同化反応といいます）。二酸化炭素と水からグルコースが作られるときにはエネルギーが必要です。そのエネルギーが太陽の光です。

なお、自由エネルギー（利用できるエネルギー）を放出する反応は発エルゴン反応といい、自由エネルギーを必要とする反応は、吸エルゴン反応といいます。

また、異化反応により、細胞内の複雑さが増大し（秩序が減る）、同化反応により細胞内の複雑さが減少します（秩序が増す）。秩序が減るとは、熱力学第二法則によると、エネルギーの一部が失われることです。このことから、生命は秩序を維持するために、絶えずエネルギーが入力されなければならないことがわかります。

分解してエネルギーを取り出すというと分かりにくいかもしれませんが、具体的には、その分子を酸化するということです。日常的な現象で言えば、燃やすことです。

これは、化学式としては、$C_6H_{12}O_6+6O_2 \rightarrow 6CO_2+6H_2O+$自由エネルギーと表されます。生物のなかでは、このエネルギーがアデノシン三リン酸（ATP）という分子に捕獲されて、細胞活動のエネルギー源となります。具体的には、アデノシン二リン酸（ADP）という分子と無機リン酸イオンと自由エネルギーからATPが作られます。

これはいわゆる酸化還元反応です。極めて単純化してこの反応を表すと、$NADH^++1/2O_2 \rightarrow NAD^++H_2O$という反応になります。NADはニコチンアミドアデニンジヌクレオチドという補酵素で、細胞内での酸化還元反応、あるいは一般的なエネルギー代謝における主たるエネルギー伝達体です。

その酸化型がNAD^+、還元型が$NADH+H^+$。こういう反応を経て、必要なエネルギーが取り出されるわけですが、これを瞬間的に起こせば、爆発みたいな現象になります。生物はしたがって、この反応のエネルギーを、爆発という現象ではなくゆっくりと、分けてとり出す必要があります。そのために、次の章で紹介するように、実にたくさんの代謝反応の経路があるのです。

酸化還元反応について簡単に説明しておきます。これは、ある物質が他の物質に1つ以上の電子を伝達する反応です。これは水素原子の獲得・喪失という観点から考えることもできます（$H=H^++e^-$）。水素原子の伝達には電子伝達が伴うからです。還元とは、原子、イオン、分子による1つ以上の電子（水素原子）の獲得であり、酸化とは、1つ以上の電子（水素原子）の喪失です。酸化還元反応を通じて電子とエネルギーが伝達されるのです。

エネルギーを取り出すためにはNADHを作る必要があります。その際必要なのは太陽からのエネルギーです。

実はエネルギーは新たに作ったり、消滅させたりすることはできません。物理学で最も基本的な保存則に、エネルギー保存則があります。我々の身近で、エネルギーに関わる物理現象を扱う分野を熱力学といいますが、そこでエネルギー保存則として知られるのは、熱力学第一法則です。この法則は、エネルギーは生み出されることもないし、なくなることもない、ただ形を変えるだけだ、というものです。

次章で紹介するので詳細はこれ以上述べませんが、太陽のエネルギーが形を変えて生物に利用されているのです。この意味で我々のような生物は太陽がなければ生きられないのです。

その他にも我々と太陽との深い関係はたくさんあります。例えば、我々は目を通じて、外界を認識します。その過程を追うと次のようになります。太陽光が外界の物に反射し、その光を我々は眼の網膜を通じて検出します。その信号は脳に伝達され、脳のなかで処理されます。これが、外界を認識する、ということです。

この過程の全てが「見る」と一言で表現されます。我々の目は、太陽がそのエネルギーを最も多く放射している波長域に、最もよく反応するように作られています。太陽がなければ我々の視覚はこのように発達しなかったでしょう。

右で紹介したことに関係して、もう1つ本質的な例をあげておきましょう。$C_6H_{12}O_6$という分子のことを述べました。この分子は、炭素（C）と水素（H）と酸素（O）からできています。これらの原子は、実は太陽のような星の内部で作られています。

星が寿命を終えると、内部で作られたこれらの原子が宇宙にばらまかれ、再び、星や惑星が作られ、生命や我々も作られます。だから、我々は星の子なのです。

以上のことを一言でいえば、「我々は宇宙的存在だ」ということです。そこでまず初めに、宇宙という視点から見た生命について考えてみます。

宇宙と生命に関する視点

生命の起源に関して、歴史的に見ると、大きく分けて3つの思想的な立場があることを前章で紹介しました。1つは神学的な立場（Pre-existence Theory）です。米国では創造説と呼ばれます。生命も我々人間も、神様がつくったというものです。

残りの2つは科学的立場です。生命は宇宙の進化のなかで作られるという考え方です。

その1つは、この宇宙で生命が作られるのは偶然で、宇宙における生命の存在は稀だという立場です。生命が誕生する確率を計算すると、非常に低い、日常の感覚では0に近いというのがその根拠です。

したがって、どこかで偶然生まれた生命が、生存可能な環境をもつ天体に運ばれることになります。このような考え方をパンスペルミア説といいます。地球でも、運ばれてきた生命が、たまたま地球環境に適していたので進化し、現在のような多様な生物圏を作ったということです。

それに対して、この宇宙は生命に満ち溢れているという立場があります。適当な条件が満たされていれば、この宇宙ではどこでも、地球だけでなく、火星でもタイタンでも生命が生まれて不思議はない、という考え方です。

アストロバイオロジーの研究者は、基本的にこの3つ目の立場にたっているはずです。そうでなければ、国の税金を使って研究を行う正当性を主張できないからです。この場合、我々が存在する宇宙（観測できる宇宙）では、いたるところで生命は生まれているはずだという根拠がなければなりません。

パンスペルミア説について

ここで、パンスペルミア説について考えてみます。

パンスペルミア説というと、地球ではなく宇宙において生命が作られる、という考え方の代表的なものと考えられていますが、実はそうとは限りません。

その元の主張は、宇宙のどこかで生まれた生命が地球に運ばれたということです。これは、生命の誕生はこの宇宙で非常に稀な現象である、という考え方に近いといえます。

なぜなら、宇宙において生命の誕生が普遍的な現象であるなら、地球のような生命の存在に適した惑星の上で生命が誕生しないで、他で生まれると考えることは矛盾しているからです。

パンスペルミア説は、宇宙における生命の誕生は偶然（確率が極端に低い）であると考える場合に、論理的に意味を持ちます。実際、宇宙において生命が誕生する確率を計算すると、確率的には限りなく0に近いと推定されます。例えば、キーの数が50あるキーボードを無作為にたたいて48文字をつなげ、意味のある文章が出現する確率を計算してみます。遺伝情報は言語のようなものですから、この比喩は妥当なもののはずです。

宇宙の年齢は4×10の17乗秒、観測できる銀河の数は10の11乗個、それぞれの銀河に10の11乗個の星があり、それぞれの星に地球があり、60億の人がいるとします。

その全ての人がキーボードに向かって毎秒1回タイプし、宇宙開闢以来それを続けているとすると、試行の総数は10の49乗回となります。

宇宙の大きさと時間、人の数など加味しても、意味のある文字列になる確率は10の30乗分の

1にしかなりません。したがって、宇宙における生命の誕生が偶然であるという説には根拠があることになります。

一方で、その運ばれるメカニズムを考えることは意味があります。スヴァンテ・アーレニウスというスウェーデンの化学者は20世紀初めに、星の光の輻射圧によって、生命のもとである胞子が運ばれる、と主張しました。最近では、イギリスのフレッド・ホイルとチャンドラ・ウィックラマシンゲが、生命は彗星によって運ばれると主張しています。

生命は細胞から成り、その細胞はアミノ酸や核酸などの材料分子からできています。これらの材料分子が、宇宙の進化の無機的な過程で作られ、それらを元に細胞がつくられる——この考え方の前半部分を化学進化、後半部分の、細胞から様々な生物が生まれる過程を生物進化と分けて考えるのが普通です。

そして、生命そのものではなく、化学進化で作られる生命の材料物質が、地球に運ばれてくるという考え方もあります。これもパンスペルミア説に含まれますが、まぎらわしいので、生命は宇宙のどこかで生まれ、宇宙を伝搬されている、という考え方がパンスペルミア説と整理した方がいいでしょう。

化学進化を考えることは、基本的に、この宇宙で、生命はどこでも誕生することを前提にしているといってもいいでしょう。「この宇宙」とあえて断わったのは、あとで紹介するように、われわれが観測できる宇宙は1つですが、論理上は、宇宙は無数にあってもおかしくないからです。

厳密に言えば、材料分子が無機的に作られても、それが細胞のような生命に至るかどうかは分かりません。したがって、さらにいくつかの立場が考えられます。

材料分子は宇宙で普遍的に作られるが、それが細胞のような構造に至るのは地球のような天体の上で、という考え方もありえます。あるいは地球のような天体であれば、化学進化も生物進化も普遍的に起こる、という考え方もあります。この宇宙に地球が無数にあれば、この宇宙は　必然的に生命を生み出すことになります。

必然的であれば、その化学的過程を追究することには意味がありますが、偶然であれば、その過程をいくら科学的に調べても意味がありません。宇宙に生命の存在は稀という考え方は、この宇宙がどんなに広大で、誕生以来の時間が長くても、生命の誕生する確率は低いことになるからです。

一方で、自己組織化という、考え方もあります。まだその原理はよく分からないのですが、たくさんの種類の原子が作られ、そこから分子が合成され、分子が集まって何らかの組織が生まれてくる。したがって、この宇宙では生命の誕生が必然である、というものです。

システムの挙動が予測不可能であることを複雑系といいます。自己組織化という概念は、複雑系を研究する分野では、広く受け入れられています。イリヤ・プリゴジンというノーベル化学賞を受賞したベルギーの化学者が、複雑系に注目して、それを主張しました。

対流（モノが秩序だって動くこと。乱流の逆）を例にとると分かりやすいでしょう。対流により生じる対流セル（細胞状の模様）は6角形のような秩序だった構造を作ります。こうした形を生み出すプロセスが、一種の自己組織化に相当する、というわけです。

いずれにせよ、宇宙は生命に満ち溢れている、というのも有力な考え方ではあるのです。

宇宙に生命体は満ち溢れているか？

宇宙論に「人間原理」というものがあります。宇宙に生命が満ち溢れているという考え方と人間原理は深く関係しています。人間原理は、イオニアの自然哲学の頃を除くと、世界観のコペルニクス的転回以降に登場しました。

コペルニクス的転回は、宇宙に関する世界観の転換だけに留まりません。あらゆる点で非常に大きな考え方の変化を引き起こしました。われわれは宇宙の中心ではない、という認識のことで、これをコペルニクス的原理と呼びます。この考え方に基づくと、宇宙の中で、人間は特別な地位を占めているわけではないことになります。

これを更に発展させたものが、人間原理です。ブランドン・カーターというオーストラリアの物理学者が、1974年に提唱しました。われわれはこの宇宙で特別な地位を占めているわけではないが、われわれの存在には、何か意味があるかもしれないと考えたのです。なぜなら、われわれは宇宙の観測者であるからです。われわれがいるから宇宙が認識され、この宇宙がどうなっているかを記述できるのであり、宇宙はわれわれ抜きには語れないというわけです。

われわれが存在することによる観測の効果を、選択バイアスといいます。例えば地球上に宇宙人が来たとして、どこか砂漠に降りれば、生命は稀な存在だと考える。ところが熱帯雨林に降りれば、生命に満ち溢れていると考える。ある状況下で観測することによって、観測データそのものが選択されているということです。それを統計学的な意味で、選択バイアスというのです。

局所的な観測だけでその意味を解釈すると、とんでもない推論にいたる危険性があるというわけです。広い視野で観測して、比較した上でないと、数字の意味は分からなくなります。

例えば私たちは、太陽から1・5億km離れた地球上にいます。しかしこの1・5億kmという数値に普遍的な意味があるわけではありません。たまたま、1・5億kmに位置する天体で受ける太陽のエネルギーが、地球という天体の表面に液体状の水を維持する環境にならしめているのです。太陽がたまたまそういう星であるというだけで、1・5億kmという数字に意味はありません。それを踏まえたうえで、宇宙における生命とか人間を考えなければなりません。

カーターは、宇宙における人間の存在は、観測者としてそこにいることと矛盾しない限りで特別なものと考えました。すなわち、この宇宙に人間が存在し、かつ宇宙を観測できるように、宇宙の形、大きさ、年齢、進化の法則などが決まってきた、と考えたのです。これは弱い人間原理と呼ばれています。

以来、人間原理は、われわれが存在するような宇宙、という考え方を意味する用語になっています。この宇宙そのものが生命を生み、われわれを生み出している、ということです。地球みたいな環境を持つ惑星の存在がこの宇宙を制約している、と考えようということです。

強い人間原理

これを拡張して考えることもできます。この宇宙はその進化のある段階で生命を生み、かつ、それを発展させるような特性をもたなければならない、という主張です。人間原理は宇宙そのものも包含する、すなわち宇宙の法則そのものも含んでいる、と考えるのです。宇宙そのものがわれわれを生み出すような存在である、と解釈しようという考え方です。これは強い人間原理と呼ばれます。

カーターがもともと主張したのは、弱い人間原理です。それを彼はさらに強い人間原理という形に発展させました。この宇宙の構造を決める宇宙定数や物理定数がわれわれの知っている値だから、われわれが存在すると、もっと積極的に考えようということです。これを、強い人間原理といいます。

物理学がどんなに進んでも、宇宙の基本特性、例えば電子と陽子の質量の比が、なぜ0・0054であるのか、について答えはえられません。われわれが誕生するのは、そういう特性の宇宙である、というしか答えはないのです。先ほどの1・5億kmという数字に限らず、宇宙のあらゆる定数に関して同様のことがいえます。

この宇宙の性質を決める最も基本的な定数は、アインシュタインが導入した宇宙定数です。宇宙斥力とも言いますが、プランク定数で、1・38×10のマイナス123乗という数値が推定されています。この値でないと、われわれが観測しているような宇宙にはなりません。そういう議論にまで、人間原理は拡張されているのです。

しかしここで「強い人間原理的に考えれば、この宇宙はこういう存在です」と主張しても、宇宙が1個しか存在しないのなら、本当は意味がありません。定数の違いということに意味がないからです。宇宙がたくさんあれば、宇宙定数の違う宇宙を考えることが意味をもちます。したがって、強い人間原理は、多宇宙、すなわちマルチバースの場合に意味をもつのです。ユニバースの「ユニ」は1つという意味ですから、ユニバースでは強い人間原理という議論は成り立たないのです。

人間原理が成立する宇宙

人間原理は、その意味を拡張すれば、生物原理といってもいいものです。宇宙に生命が満ち溢れているという考えと人間原理は、基本的に同じです。生命がいないのにわれわれが存在することはあり得ませんから。この宇宙は生命を生み、人間を生み出すということです。

このためには次の3つのことを考えなくてはなりません。

まず第1に、宇宙は無限にあり、私たちの宇宙はその多宇宙の中のひとつであると認識すること。これは、観測では確認できません。脳のなかにつくられる内部モデルとして考えられることです。

この場合、宇宙定数や物理定数の値がそれぞれの宇宙ごとに決まる、と考えることも前提のひとつです。宇宙定数にしても物理定数にしても、それぞれの宇宙で異なっていいことにします。だとすると、観測できる我々のこの宇宙は、生物や人間を生み出す宇宙だと考えられます。それを前提として初めて、強い人間原理は意味を持つのです。

次に、それらの定数が私たちの測定する値とかけ離れている場合には、生命が生まれない、ということも前提の1つです。そうでなければ、どんな宇宙でも生命は生まれることになってしまい、ここで展開している議論が意味を持たなくなるからです。

これらの前提は実際、思弁的宇宙論では満たされています。思弁的宇宙論とは、観測的宇宙論に対して私が使っている用語で、脳の内部モデルとして考えられる宇宙論という意味です。

私たちの宇宙は多宇宙の1つであるとか、多宇宙では定数の値はそれぞれの宇宙によって決まる、というのは、超弦理論（素粒子論において、弦は張力をもち、振動しながら運動する、と考える。この弦が全体として並進運動をすると、あるエネルギーと運動量をもった、1つの粒子として観測されるという考え方のこと）に基づく宇宙論から予想されるものです。超弦理論は、現在のところまだ数学的なモデルで、観測や実験によって確かめられていません。したがって、それに基づく宇宙論も、単に数学的で、思弁的な宇宙論なのです。

思弁的宇宙論ではこの2つの前提は成立しています。実際に定数は、超弦理論的には10の500乗個あってその形が決まります。余剰次元（4次元以上）がたくさん存在し、その余剰次元がどういうものかという議論を通じて、いろいろな定数が生まれてくるのです。

3つ目の前提は、宇宙の性質を決める定数が私たちの知っている値だと生命が誕生するというものです。これは超弦理論からは導かれないので、改めて考察する必要があります。

例えば、重力定数がもしわれわれの知っている値よりも大きかったとするとどうなるか？この場合、星はあっという間に燃えつきてしまいます。現在の値だからこそ、太陽は100億年の寿命があり、現在までに既に50億年ちかく輝いていて、これからも50億年くらい輝き続けるのです。この場合、生命の進化に何十億年かかったとしても、地球のような惑星上では安定した環境が維持されることになるのです。

では、重力定数が低いとどうなるか？　その場合は、星の寿命が変わるだけでなく、銀河という星の集団もつくられないでしょう。少しでも物質の多いところに引力が働き、ものが集まるというプロセスが加速度的に起こらないと、銀河や星は生まれないからです。

したがって重力定数が大きくても小さくても、われわれの宇宙のようにならないのです。

では、電磁力が強いとどうなるか？　水素原子が強く反発しあうので、核融合が起こりにくく、星がエネルギーを生み出せません。

宇宙定数が異なった場合の問題については、スティーブン・ワインバーグというアメリカの物理学者が議論していますが、生命の直接の起源については誰も答えられません。その代りに、生命誕生の前提条件である、銀河や星、惑星が生まれるかどうかについて議論しているのです。

宇宙定数は0ではない

では、宇宙定数が我々の知っている値でなかったらどうなるでしょうか？

われわれの宇宙定数は、その値が10のマイナス123乗くらいということが観測の結果分かっています。ただし観測精度から考えると、この値より1桁低いくらい、すなわち10のマイナス124乗以下の不確定性が考えられます。

ということは、ほんの少しずつ数値が変わる可能性があるので、文字通り無数に近い別の宇宙が考えられることになります。これは観測からも、多宇宙論が示唆されるということです。

一方、超弦理論的に余剰次元を考えると、その可能性は、10の500乗くらいあります。したがって宇宙定数が違った場合にどうなるのか、については考えておかねばなりません。そのような宇宙が生命を生み出すのか生み出さないのか、という議論ができるわけですから。

いずれにせよ宇宙定数が10のマイナス123乗くらいの宇宙だと生命が生まれてくる、ということは、右で述べたような議論から分かると思います。物理定数がわれわれの知っているような値になることが保証されるからです。

ただしこの数値が、ほんのわずかだけ違う場合にどうなるのかは、10の124乗通り以上もあるので、本当のところはよく分かりません。いずれにしても、宇宙定数に関しては、10のマイナス123乗からせいぜい1桁違いくらいの範囲で物事を考えればよい、という段階まで絞り込まれていることは驚きです。

この数値がどのようにして推定されるかについて、少し述べておきましょう。

これは、2011年のノーベル物理学賞に関係しています。宇宙定数を決定しようというプロジェクトのひとつが受賞したからです。

宇宙定数が0か否かは宇宙論の大きな研究テーマです。0ではなく、およそ10のマイナス123乗ということが分かり、それに対してノーベル物理学賞が与えられたのです。これは、この宇宙に生命が満ち溢れていること、あるいは人間が存在する宇宙であることと矛盾しません。

以上からわかるように、この宇宙に生命が満ち溢れているかどうかという問題は、論理的な問いとして、荒唐無稽なことではないのです。生命が誕生する可能性がある唯一の惑星で、生命が偶然生まれたとしたら、そのプロセスを論理的に考えても、科学的にはほとんど意味がありません。偶然のプロセスを必然の過程として考えても、意味がないからです。しかし、この宇宙に生命が満ち溢れているとする根拠が少しでもあるならば、それについて考えることは科学的に意味があることになります。

SETI

実際に、地球外知的生命体を探す試みも行われています。アメリカの物理学者ジュゼッペ・コッコーニとフィリップ・モリソンが1959年、地球外知的生命体との交信に電波が有効と提案した翌年、のちに「ドレークの式」で有名になったフランク・ドレークが、オズマ・プロジェクトと呼ばれる計画を、ウエストバージニア州グリーンバンクの国立天文台で開始しました。

そして、1961年、知的生命体との交信に関する最初の会議（グリーンバンク会議）が、ドレークの企画により、コッコーニやモリソンの他、惑星科学者のカール・セーガンや生化学者メルヴィン・カルヴィンら11名が参加して、開催されます。

この会議で、ドレークの式が提唱されたのです。宇宙に知的生命体がどのくらいの割合で存在し、それと交信できる確率がどのくらいあるかを推計する式です。

その後、SETIはNASAのプロジェクトになりますが、今は民間の資金で行われています。現在、サンフランシスコの南のNASAエームス研究所の隣にあるSETI研究所が、その計画の中心的な存在になっています。

われわれ（ホモ・サピエンス）のような知的生命体は、大脳皮質の中に、外界を投影した世界を内部モデルとして構築できる能力があります。このような知的生命体は、宇宙や地球や生命、文明などの普遍性を追究する過程で、宇宙と深く関わることができるのです。

第4章　生命とは何か——地球生物学の基礎

最古の細胞化石

本章以降では、主として地球生命の起源と進化に関わる話を紹介します。そのために必要な、地球の生物についての基礎知識を、ここでまとめておくことにしましょう。

地球上の生物について、何がまず基本かといえば、生命は細胞からできている、ということです。しかも、それはたった1個の細胞から生まれ、それが現在のような多様な生物圏に進化したと考えられています。したがって、地球の生物とは何かといえば、「細胞」ということになります。

今知られている、地球上で最古の生命化石は、オーストラリアのピルバラ地域で、約35億年前の地層から発見されたものです。これはシアノバクテリアという、今でも生きている単細胞の生物と良く似ています。38億年くらい前の地層中にも、この生物によると考えられる痕跡が残されていますから、地球の生命の起源は、約38億年前に遡ると考えていいでしょう。

シアノバクテリアは、生物の分類でいうと、原核細胞を持つ単細胞の生物、原核生物と呼ばれます。地球上の生物の細胞は、原核細胞と真核細胞の2種類から成ります。われわれのように多数の細胞から成る生物は、真核細胞を持っています。この2種類の細胞の詳しい違いについては、この後に紹介します。

細胞説の詳細を紹介する前に、この最古の細胞化石について、少し説明しておきましょう。単細胞の生物とは、1つの細胞から成る生物ということです。その生態を見ると、鎖状に連なっているものや、塊状になっているものがいます。といっても、1つひとつの細胞が独立した生命体です。

日本では1987年に放送された、NHKの『地球大紀行』という番組で、詳しく紹介されました。そこではオーストラリアのシャーク湾に自生するシアノバクテリアが取り上げられました。当時私は、その番組の監修をしましたが、実際に見に行ったのは放送の数年後のことです。

オーストラリア以外にも、シアノバクテリアの生息地があります。ユカタン半島でチチュルブ・クレーターの調査をしているときには、メキシコとベリーズとの国境の近くにある生息地を見に行ったこともあります。それらと似たものが、35億年前の地層中から見つかっているのです。

このことは、アメリカの大学の生物学の教科書の最初に紹介されています。しかしその後、これが細胞化石かどうかに関して、論争が起こりました。この化石は、UCLA（カリフォルニア大学ロスアンジェルス校）のショップという教授が発見し、分析しました。その試料を持っていたのは彼だけでした。というのも、以来、何度となくその化石を求めて他の研究者がその地を訪れたのですが、新たに見つけることができなかったからです。

その試料についての報告は、彼の論文として発表されただけで、誰かがその結果を追試することはありませんでした。誰もその試料について、その後直接調べることができなかったのです。それでも、論文の内容は高く評価され、学術誌に掲載されました。

その後21世紀になって、この試料がイギリスの自然史博物館に寄贈され、初めて他の研究者の目にふれました。そこで、試料が改めて調べ直されました。

その結果、それが本当に生命の化石かという疑問が提出されたのです。この論争は何年か続きましたが、まだ完全に決着したわけではありません。2002年には、この化石がシアノバクテリアではないという論文が英国の科学誌「ネイチャー」に掲載されました。この化石が発見されたのが、35億年前の深海底で、熱水噴出孔のような場所だというのです。そうだとすると、シアノバクテリアは光合成をする生物と考えられていますが、海底は太陽からの光が届かないのですから、光合成生物であるはずがないことになります。今でもこれが最古の細胞化石であることを疑っている研究者もいます。

生命であるという証拠は、化石の形態からだけでは分かりません。同じような論争がその前にもありました。火星から飛来した隕石中に、細胞化石らしきものが発見され、それが本当に火星の生命の化石であるかについて論争があったのです。その化石もまた、地球上の最古の細胞化石と、形態的にはよく似ていました。

普通に考えれば、生命かどうかを判断するには、光合成の化学的証拠を探せばよいことになります。光合成をする化学的な証拠とは何でしょうか。光合成は、簡単に言えば、二酸化炭素と水から糖質を作る化学反応です。ほとんどの地球生命体のエネルギー源をつくる反応です。

そして、生物は炭素からできているといっても過言ではありません。炭素という元素には、同位体がいくつかあります。同位体とは、化学的性質は同じですが、質量がわずかに異なる元素のことです。

炭素の同位体には、炭素13（^{13}C）とか炭素12（^{12}C）などがあります。生命の場合、^{13}Cと^{12}Cの割合が、炭素を取り込むときの物理過程を反映して、無機的なものと違うことが知られています。生命に固有の割合というのが決まっているのです。

しかも、この割合が何十億年にもわたってまったく変わらないことも知られています。つまり、炭素12と炭素13の比を測れば、それが生物起源かどうかを推定できるのです。

しかし、この試料は同位体比がはっきりしないため、決着がつけられていないのです。

細胞説

地球上にいた生命は、昔も今も、全てが細胞というユニットからできています。細胞の内部が多少異なっていたり、その数が1つか多数かの違いはありますが、その基本の構造や機能は、細胞が担っていることが分かっています。このように、生物が細胞から成ることを、「細胞説」といいます。地球上の生命は、最初に1個の細胞が存在して、それが今に至るまでずっとつながっている、と考えられています。

生命体は、高分子がただ集まっているのではなく、細胞という構造を作っているのです。細胞は、膜で周囲と仕切られています。膜を作るということは、外側と内側とを区画化して、分けるということです。この区画化することが、細胞にとってまず必要なことです。

生命を支える高分子は、その区画化された内部にあり、外部環境と隔てられているからこそ、独自の機能を発揮します。この区画化されている領域を、われわれは細胞と呼んでいるのです。膜で区切られた領域に抱え込まれた高分子が様々な機能を持って作用する、それが細胞なのです。

機能を持つということは、様々な生化学反応を行うということです。その反応の総和を代謝といいます。最古の生命といわれる細胞化石からも、そのようなことが分かります。

地球上のあらゆる生物は細胞からできています。したがって当然、細胞が生命ということになります。これが、細胞説と呼ばれるものです。細胞は、生命の基本単位なのです。

全ての生命体は細胞から構成されていて、しかも、それ以前に存在している細胞から生じます。人類はまだ細胞を作れません。われわれが知っている最古の生命体も細胞ですから、この細胞から、それ以降の生物が次々と生まれてきたと考えられます。

これは全ての生物の遺伝子の解析からもわかります。生命は連続して存在しています。したがって地球上の生命の起源を探るとは、最初の細胞がどのようにして生まれたのか、あるいはどこからもたらされたのかを探ることになります。

細胞とは？

では、細胞とはどんなものなのでしょうか？　細胞は、水と、大小さまざまな分子から構成されています。少なくとも1万種類の異なる分子からできているといわれます。細胞はこれらの分子を利用して、物質やエネルギーを交換したり、環境に反応したり、自己を再生産するなど、いろいろな活動を行っています。これは、地球上のどんな生物に関しても当てはまります。

生物が細胞からできているのなら、生命の研究とは、細胞の生物学を行うということになります。細菌という単細胞の原核細胞で見られる現象も、われわれの体を作っている真核細胞など多細胞の生物の細胞で見られる現象も、基本的にすべて同じです。生命とは細胞であり、生命の研究とは、細胞の研究をすることなのです。

もうひとつ重要なのは、連続的だということです。最初の細胞がいったんどこかで途切れて、また新たな誕生があったわけではないということです。連続性も、生物の重要な特徴です。例えば子供も、無から生まれるのではありません。最初に受精卵ができ、それが分裂して、われわれの体がつくられます。その受精卵も、もともとは精子と卵子という父母の細胞に由来して作られます。さらに遡れば、父母のそれぞれの親の精子と卵子から受精卵がつくられ、そこから生まれているわけです。新たなものが突然生まれるのではなく、連続的なのです。

ということは、地球生命の起源を問うとは、最初の細胞の起源を問うことに他なりません。オーストラリアのシアノバクテリアに似た細胞化石が最初の細胞だとすると、そこから地球上の生物が生まれてきたことになります。

細胞の大きさは何によって決まるか

細胞には固有のものといっていい大きさがあります。およそ1~10マイクロメートルです。マイクロとはμと表記され、10のマイナス6乗になります、すなわちマイクロメートルとは、10のマイナス6乗m、μmです。タンパク質や脂質など、細胞を作る材料物質の大きさは、10ナノメートルくらいになります。ナノは10のマイナス9乗になります。すなわち、ナノメートルとは10のマイナス9乗mです。

T_2ファージのようなウイルスだと、およそ100ナノメートルです。植物の細胞内で光合成をする葉緑体の大きさが、だいたいマイクロメートルのオーダー（桁）です。ほとんどの細菌が、1〜10マイクロメートルくらいの大きさを持っています。

細菌は原核細胞という1個の細胞です。その細胞の大きさは直径1〜10マイクロメートルです。これから紹介する真核細胞は、それより10倍くらい大きくて、10〜100マイクロメートルくらいです。これがわれわれのよく知っている植物や動物などの細胞の大きさです。

では、この細胞の大きさは、どのような理由で決まっているのでしょうか？　分子や原子の大きさは決まっています。もっと小さな素粒子も、大きさが決まっています。分子の大きさは1ナノメートルくらいで、生命にかかわる高分子になると10ナノメートルくらいになります。細胞はまず、こうした材料物質より大きくなければなりません。

ではなぜ、この大きさなのか。それは、おそらく物理的な理由によるはずです。細胞の大きさは、細胞の機能に関係すると考えられます。その機能を満たすためには、容積と表面積の比が重要です。容積は、単位時間当たりに細胞が行う化学反応の量を決めています。ある容積の中で細胞の中にある小器官がいろいろな反応を起こして生命を維持し、生物の活動を決めているわけですから。

では、大きければ大きいほどいいのでしょうか。実は、化学反応の量が多ければいいというわけではありません。細胞が活動をするためには、外からものを取り込まなければなりません。

そして、取り込んだものを消費すると、廃棄物が出るので、それを捨てなければなりません。取り入れたり、捨てることとは、表面積に関係してきます。

表面積が小さくなると、取り入れられる量が少なくなり、化学反応を起こすのに必要なものが不足します。表面積と容積の比が、化学反応の大きさ、すなわち細胞の活動を決めているわけです。

表面積の割合が小さいと、取り込む量も捨てる量も細胞の活動に足りなくなってしまい、反応が進まなくなってしまいます。細胞のサイズは、それが適切になるように決まっているのです。細胞は、その容積に対する表面積の比が十分大きく維持され、理想的な内部容積が保たれている必要があります。そうすると、だいたい1～100マイクロメートルくらいが適当になるわけです。

原核細胞と真核細胞の大きさの違いは、その中で起こる化学反応の大きさの違いです。真核細胞の方が活動が盛んですから、サイズも大きくなります。この表面積と容積の比こそが、多細胞生物の誕生に関係します。

そしてそれは、大きな生命体がなぜ、1個の大きな細胞から作られないのか、という理由にもなっています。小さな細胞をたくさん集めて大きい生命を作る方が効率がよいからです。というわけで、われわれのような複雑な活動をする生命体は、多数の小さな細胞からできているのです。

人間は60兆個くらいの細胞からできています。その個々の細胞の大きさも、反応を起こすことに関係する容積と、それに必要なものを取り込む、あるいはいらなくなったものを捨てる量に関係する表面積の比で決まっているのです。

細胞膜

次に、細胞の機能を考えてみましょう。細胞の構造でまず重要なのは膜です。膜によって仕切られてコンパートメント（区画された領域）ができますが、それが細胞です。

その膜は細胞膜と呼ばれます。細胞膜は、リン脂質が重なった2重層です。リン脂質には親水性の頭の部分と、疎水性のお尻の部分があります。

親水性の部分を外に向けて並べると、1つ膜ができます。その内側には疎水性の部分が並んでいます。

内側にもう1つの膜を置きます。今度は親水性の部分を内側に向けて、疎水性の部分を外側に向けたものを並べます。疎水性の部分同士は結合しやすいので、この2層がひとつの膜のようになります。こうして、リン脂質が2重層になって、膜を作ります。

膜があることによって、内部環境は一定に保たれます。内部でなんらかの反応が起きるとき、取り込む量と出す量をコントロールしたり、取り込むものを選択することにより、膜によって区切られた内部の状態は一定に保たれます。それをホメオスタシスといいます。

ある物質は通すけれども、ある物質は通さない、という選択性を持つのが、リン脂質分子の特徴です。物質を選んで自由に出し入れできるのです。

加えて、表面にいろいろな突起があります。その結果、隣の細胞や外部環境と情報交換ができます。突起物の相互作用により、細胞と細胞がくっついて一緒に固まることもできます。それが先ほど紹介した、シアノバクテリアが単体としてではなくて、連なって存在できる理由です。1個1個は独立していますが、結合したり接着することができるのです。それが細胞膜を通じて行われているのです。

原核細胞と真核細胞

細胞には、原核細胞と真核細胞の2種類があることを紹介しました。ここでは、その詳しい違いを述べておきます。

まず原核細胞ですが、細胞膜によって区画化されていることに変わりはありません。しかし、その区画化された内部に、さらに区画化された領域はありません。それが、原核細胞の特徴です。

それに対して真核細胞は、細胞膜で囲まれた領域の中に、さらに膜で囲まれた区画化された領域を持つような構造をしています。例えば核と呼ばれる、遺伝情報を含んだものが、膜によって囲まれています。ほかにも、ミトコンドリアとか、小胞体など、細かく区画された領域を細胞内に持っているのが、真核細胞の特徴です。

1つの区画化された領域の中に、さらに区画化された領域を持つので、真核細胞のサイズは当然、大きくなります。原核細胞に比べると、だいたい10倍くらいの大きさを持っています。

すべての生物は、どちらの細胞を使うかで、大きく2つに分けられます。原核細胞を使う生物はさらに2つに分けられます。そのため生物の分類は、現在、3つの大きなドメイン（超界）に分けられています。古細菌、真正細菌、真核生物の3つです。真核細胞を持った生物が真核生物、原核細胞からできている生物が、古細菌と真正細菌です。

古細菌と真正細菌は1つの細胞から成る単細胞です。真核生物も、最初に生まれたと考えられるものは、単細胞です。単細胞の真核生物は原生動物と呼ばれます。真核細胞が集まって多細胞になったのが、植物とか菌類、動物です。

原核細胞についてもう少し説明しておきましょう。細胞は細胞膜で包み込まれています。その内部を満たすのは細胞質という液体状の物質です。そのなかに核様体とリボソームが浮いているような状態で存在します。

原核細胞では、DNAなどの遺伝物質が、むき出しの形で存在します。らせん構造をしたDNAなどが、そのままのむき出しになっています。その部分を核様体といいます。核様体の他に、リボソームという粒子がありますが、そういう粒子も細胞内に存在します。これが原核細胞です。

細胞膜の外には細胞壁があります。膜は柔らかいものなので、形を維持するような構造が必要となります。それが細胞壁です。ペプチドグリカンという非常に巨大な分子が、その壁を作っています。他に、鞭毛状のものが出ているものがあります。それを揺らすことによって、動くことができます。これが原核細胞です。

一方、核様体が膜で区切られたものが核で、核のある細胞を真核細胞と呼びます。真核生物の遺伝情報はその中に入っています。

では、この他に真核細胞は原核細胞とどこが違うのでしょうか。細胞質が細胞膜で区切られた中にある点は、原核細胞と同じです。粒子以外の液体状のものが細胞質で、水と高分子から成ります。高分子は水に溶け込んでいます。

原核細胞では、膜の中に細胞質とリボソームと核様体がむき出しの形で存在するのに対し、真核細胞にも勿論、細胞質もリボソームもありますが、先述のように、細胞質（サイトゾルという言い方もします）から膜によって区画化された領域（コンパートメント）を持っています。

細胞質のなかに、さらに区画化された領域を持つところが、原核細胞と異なる点です。細胞というコンパートメントの中に、さらにコンパートメントがある２重構造になっているのです。膜で仕切られた細胞内のコンパートメント、特有な形と機能を持つその構造——例えばリボソームなどですが——それを細胞内の小器官と呼びます。細胞内に小器官を持つのが真核細胞の特徴といえます。

核も当然、膜で区切られています。これも真核細胞の特徴です。そこに細胞の遺伝物質のほとんどが含まれています。遺伝物質の複製や、遺伝情報の解読の初期段階は、ほとんど核の中で行われています。

この他に、ミトコンドリアは、糖質や脂肪酸の化学結合の中に蓄えられたエネルギーを、細胞に伝えやすい形、ＡＴＰ（アデノシン三リン酸）に変換する機能をもつ小器官です。これは、細胞がエネルギーをどのようにして獲得しているのかに関係するので、後で詳しく説明します。

小胞体という構造もあります。それぞれについて詳しく説明していると、生物学の教科書になってしまうので、この説明はこの辺でやめておきます。

要するに、細胞膜があって、その中にさらに、いろいろな機能を持つ区画化されたコンパートメントがあることが真核細胞の特徴です。しかし、植物細胞と動物細胞とでは、その小器官が多少違っています。一番分かりやすい違いは、植物には葉緑体という光合成をする部分がありますが、動物ではそれに相当するものがないという点です。これは、光エネルギーが原子間結合の化学エネルギーに変換される機能に関係しています。

本章の最初に紹介しましたが、原核生物は38億年くらい前に、既に存在していたと考えられています。しかし、真核生物がいつごろ出現したのかは、よく分かっていません。真核生物の化石をもとに推測することになりますが、それが生物由来であることを判断しなくてはならず、次に、その年代を決めなければなりません。それが容易ではないのです。したがって、まだはっきりしたことは分かりませんが、15億年ぐらい前に真核生物が出現したという説もあります。

ここから紹介する話題は、まだよくわかっていないので推測になります。例えば、真核生物がどのようにして生まれたのか、については全く分かっていません。それに関して、かなり妥当な推測と思われている考え方が、細胞内共生説ですが、それを以下で説明します。

細胞内共生説

原核生物は他に依存せず、1個だけで存在できます。養分を環境から直接取り込んで生きています。中には、光合成をして自ら養分をつくっているものもあります。それがシアノバクテリアのような原核生物です。また、膜を通して、より小さな原核生物を取り込むものもいます。原核生物はそうやって生きていたと考えられています。

例えば、光合成をする小さな原核生物（シアノバクテリアのようなもの）が飲み込まれ、すぐには養分として消化をされなかったとします。両方の原核細胞が同じ速度で分裂すると、飲み込んだ原核生物の中に、飲み込まれた原核生物もまた存在することになります。このようなことが、真核生物に至る最初のプロセスではないか、と推測されるのです。それが植物の細胞内小器官である葉緑体の起源に関係すると考えられています。

ミトコンドリアという小器官も、酸素呼吸を行う原核生物に起源をもつことが、指摘されています。飲み込まれたものがそのまま、その中に住みつくことを、細胞内共生といいます。細胞の中で共に生きていくという意味です。

このようにして光合成原核生物から、葉緑体が進化したのかもしれませんし、ミトコンドリアも呼吸機能を持つ原核生物の子孫かもしれない、と推測されているのです。

では、それがなぜ、進化の上で有利だったのでしょうか？

シアノバクテリアが繁殖すると、大気など環境中の酸素濃度が上昇します。酸素は、それまで繁栄していた生物に対しては毒性を持っています。ミトコンドリアや、葉緑体みたいな器官があれば、その毒性を利用でき、進化上有利になります。真核生物の誕生にも、こうした背景があったのではないか、と推測されているのです。

細胞内共生説は、19世紀には提唱されていました。しかし、多くの人がそう考えるようになったのは、アメリカの生物学者リン・マーギュリスが主張してからです。彼女は2011年に亡くなりましたが、この問題をきちっと調べたために、細胞内共生説が有力になってきたのです。ちなみに彼女は、天文学者、あるいは惑星科学者として有名な、カール・セーガンの最初の夫人です。

細胞内共生説はまだ、推測の段階だと述べました。しかし最近は、それを支持する証拠も出てきています。遺伝子を全て解読するプロジェクトが進んだ結果、小器官の間でDNAの移動が起こり得ることが明らかにされたのです。

すなわち、DNAが移動した小器官は似た者同士ということになるので、共生があったと推測する根拠になります。例えば、葉緑体と光合成細菌の間には、生化学的な反応において、類似点が多くあることが分かっています。

また、DNAのレベルで、原核細胞と真核細胞には、強い相同性(ホモロジー)があることも分かってきています。ホモロジーとは祖先が同じということです。その遺伝子が様々なプロセスを経て、多少変わってはいるけれど、グループとしてはほぼ同じであるということも、最近分かってきたのです。これらはすべて、細胞内共生説を支持することになります。

他にも、原核細胞と真核細胞の共通の性質が、いくつか挙げられます。共に遺伝物質として、核酸を用いています。加えて、タンパク質に関しても、同一の20種類のアミノ酸を用いています。ちなみに、アミノ酸は、数がずっと多くても不思議はないのですが、地球上の生物は20種類しか使っていません。

光学異性体という問題も知られています。鏡にものを映したときに、本体と鏡に映る像とでは構造が違います。右手と左手のような関係です。これを光学異性体と呼び、D型、L型と呼んで区別しています。

地球上の生物は、アミノ酸はL型、糖はD型を使っています。実験で無機的にアミノ酸を作ると、D型もL型も半分ずつ作られるのに、理由は分かりませんが、地球生命はそのうちの片方しか使っていないのです。

これは、原核細胞にも真核細胞にも共通しています。このことも生命が最初から、ずっと連なっているということを示しています。

生物のエネルギー

次にエネルギーに関連した事柄を説明しておきます。生きているということは、体内で何らかの反応を起こして、その構造を維持していることを意味します。代謝とは、生物の体内で起きている生化学反応の総和を表します。

反応を起こすためにはエネルギーがいります。物理的には、エネルギーとは、仕事をする能力のことです。化学反応という仕事をするメカニズムと思えばいいでしょう。

代謝反応とは、生体によるエネルギーの生化学的変換、反応のことです。触媒が、その反応を迅速に行わせます。反応がゆっくり起きていたのでは、生物は困ります。瞬間的に次々と起こらないと困るのです。それは触媒を通じて行われているのです。すなわち、エネルギーと代謝と触媒が、細胞という構造の次に重要です。

ここで、エネルギーという概念についてもう少し説明しておきます。エネルギーにはいろいろな形態があります。化学エネルギー、電気エネルギー、熱エネルギー、光エネルギー、機械エネルギーなどです。

いろいろと形を変えますが、その一番のもとは、位置エネルギーと運動エネルギーです。そして、前述の通り、エネルギーは新たに生み出すことはできず、次々と変換されるものなのです。

「エネルギーは保存される」というのが、最も基本的な物理法則です。エネルギーを無から作ることはできませんが、変換はできます。生物が行っているのも、エネルギーの変換です。その変換を通じて、化学反応を起こしているのです。

代謝反応には2つあります。熱を吸収する反応と発熱する反応です。それを生物学では同化反応と異化反応といいます。エネルギー、すなわち熱が吸い込まれるのが同化で、エネルギーを出すのが異化反応です。化学反応的には、吸熱反応と発熱反応に相当します。

生物では普通、単純な分子から複雑な分子が作られます。例えば、タンパク質という複雑な分子はアミノ酸という単純な分子からできています。それが作られる際、エネルギーが外から供給され、高分子の中に蓄えられるのです。こういう反応を同化反応といいます。これがタンパク質の合成反応です。

一方、タンパク質が分解されて、もっと小さな分子に変わるときには、逆にその蓄えられていたエネルギーが放出されます。これが生物の中で行われている基本的な反応です。反応の進行はエネルギーの出入りと関係しているのです。

エネルギーは生み出すことも、消滅させることもできず、変換が起こるだけですから、変換の効率が問題になります。それを論じるのが熱力学です。

熱力学

ここで、もう一度それを復習しておきます。エネルギーは作り出すことも消しさることもできず、エネルギーは変換の前後で総量は変わらない。これが熱力学第一法則、つまりエネルギー保存則です。

例えば、糖質の化学結合中に位置エネルギーＡＴＰ（アデノシン三リン酸）が蓄えられます。

それが運動エネルギーに変換されて、筋の収縮などの仕事をする。これが、変換の具体的な意味です。

熱力学第二法則は、変換される効率に関するものです。エネルギーがある形から別の形に変換されるときに、その一部は仕事に使えなくなります。どんな物理過程も化学反応も、100%効率的ではない、というのが熱力学第二法則の意味するところです。

効率が100%ではないとすると、残りはどこに行くのでしょうか？　実は、無秩序、あるいは乱雑さを作り出すようなところに使われます。この乱雑さとか、無秩序に関係して、エントロピー（乱雑さを表す物理量）という概念が登場します。

熱力学第二法則はしたがって、エントロピー増大、あるいは非減少の法則という言い方もされます。ある系に秩序を与えるためには、エネルギーがいるということです。逆に、それが与えられないと、系は乱雑になるのです。

生命のひとつの特徴は、秩序です。絶えずエネルギーが供給されていないと、秩序は維持されません。死とは、エネルギーが供給されなくなって、乱雑になっていくことです。

効率が100%でないということは、無秩序が増大していくことだと述べました。それはまた、全てのエネルギーが仕事として利用可能なわけではないということを意味します。このことについて、もう少し考えてみます。

エネルギーには実は、利用可能なものとそうではないものの2種類があります。その両者を足したものを総エネルギーと呼ぶことにします。

われわれが通常、エネルギーと言っているのは、仕事をする能力のことです。それをここでは利用可能なエネルギーと表現しました。そして、利用できないエネルギーと利用可能なエネルギーを合わせたものを、エンタルピーと呼ぶことにします。

利用可能なエネルギーを、物理学では自由エネルギーと呼びます。ギブスの自由エネルギーなどと呼ばれますが、いろんな人が定義した自由エネルギーがあります。

利用できないエネルギーをどう表すかという問題が残ります。そこでエントロピーという概念を導入し、それと温度という量を使って、無秩序の程度を表すことが提案されました。温度にエントロピーを乗じた量を考え、自由エネルギーとエンタルピーとの関係を表すと、エンタルピー＝自由エネルギー＋温度×エントロピーという式で表されます。この式が総エネルギーの定義で、エネルギーの保存を表しているのです。

同化反応により、細胞内の複雑さ、すなわち無秩序は減少します。一方、異化反応により細胞の複雑さは増加します。すなわち秩序が減少します。生物学では、自由エネルギーを放出する反応を発エルゴン反応といいます。すなわち、複雑な分子→自由エネルギー＋小分子（単純な分子）ということです。逆方向の反応は吸エルゴン反応といいます。自由エネルギー＋小分子→複雑な分子ということです。

このように化学反応には、化学平衡と自由エネルギーが関連しています。エネルギーに関して言えば、ATPという分子が、生物にとっては重要なエネルギー関連の分子です。この分子を通じてエネルギーの出し入れを行っているからです。たとえて言えば、エネルギーの通貨みたいなものです。ATPをたくさん持っていれば、エネルギーをたくさん持っていることになります。この分子が少ないとエネルギーが少ない、という指標だと思えばいいでしょう。

また、ATPが加水分解されるときに、比較的大量の自由エネルギーが放出されます。水が分解される、つまり大きな分子から小さな分子に変化するときに自由エネルギーが放出されるのですが、その効率が非常に高いのです。

ATPはまた、多くの異なる分子をリン酸化します。リン酸は生物にとって重要な物質で、細胞膜を構成する分子でもあります。こういう分子を付与するときに、ATPは非常に重要な働きをします。

なお、右で述べたように、ATPの加水分解によって自由エネルギーが放出されるということは、ATPが細胞のエネルギー吸収、放出に最も重要な物質であるといえます。

実際にどういう反応が起こるかを紹介しておきましょう。

ATPが加水分解されると、ADP（アデノシン二リン酸）と無機リン酸イオン（HPO_4^{2-}）

が作られ、自由エネルギーが放出されます。化学反応として表すと、ATP＋H_2O→ADP＋HPO_4^{2-}となります。

その際に放出されるエネルギーが、自由エネルギーです。生物はこの自由エネルギーを使っています。ATPを蓄えておけば、必要なときにいつでもエネルギーに変えることができるということです。

ここで重要なことが、生物では生化学反応が速やかに起こらなければならないということなのです。普通の化学反応のように、ゆっくり起きては困るのです。その際、酵素と呼ばれる触媒タンパク質が必要になります。触媒は、化学反応のスピードを速める作用をもっています。

もう少し具体的に説明しておきましょう。化学反応が起こるためには、それに必要なエネルギーレベルがあります。そのエネルギーレベルを越えないと反応が起きないのです。いわば障壁のようなものです。

そのエネルギーの障壁を越えて、向こう側に移ることが、反応が起こるということです。エネルギーの観点から考えると、必要な大きさの障壁（エネルギー）を越えないと、化学反応が進まないのです。その障壁を低くする性質を持つのが触媒なのです。

障壁のエネルギーを低くできれば、反応がより簡単に起きます。この障壁を活性化エネルギーといいます。活性化エネルギーを低下させ、反応がより簡単に起こるような作用をもつのが触媒です。生物の中でそれを行うのはタンパク質です。酵素と呼ばれる触媒タンパク質がその働きをしています。普通の化学反応では触媒といいますが、生物学では、触媒作用をもつタンパク質のことを酵素といいます。酵素がないと生物学的な反応は進みません。

では生物は、具体的にどのようにして利用可能なエネルギーを獲得しているのでしょうか? これは基本的に、ATPをどう作るかという問題です。ATP、つまりアデノシン三リン酸が通貨みたいなものであることを、先に紹介しました。これを蓄えることです。

このATPを作る基本的なメカニズムは、「糖質を燃やす」ことです。糖質とは、例えばグルコースです。分子式として書けば、$C_6H_{12}O_6$で、これを燃やすということは、酸化するということです。酸素が付加されると$C_6H_{12}O_6$が分解され、二酸化炭素と水に変化し、自由エネルギー、つまり熱が放出されます。酸化という反応は、燃やすということに他なりません。燃やすと熱が出るというのは、自由エネルギーが出てくるということなのです。

したがって、エネルギーを獲得するためには、生物の体内で酸化と同じような反応が起こり、自由エネルギーに相当するものが蓄えられる変換が起こればいいことになります。それがATP、アデノシン三リン酸の合成です。生物がエネルギーを獲得することは、具体的にはアデノシン二リン酸(ADP)と無機リン酸イオンから、自由エネルギーを使ってATPを作ることなのです。それが、生物の体内で起こっている、代謝経路といわれるものです。それは光合成を通じて進みます。

その反応を、非常に簡単化すると、無機リン酸イオンをPiと略すとして、ADP＋Pi→ATPとなります。実際には、個々の反応に特異的な酵素が触媒して進みますから、非常に複雑です。それぞれの反応ごとに特有の触媒、すなわち酵素があります。

しかし、代謝経路は、細菌から人に至るまで、すべての生物で同一です。これは、細菌を取り込むという、細胞内共生みたいなことが起こった証と考えられます。

真核生物では、代謝経路がそれぞれに専用のコンパートメントの中で行われています。特定の反応は特定の小器官内で起こるわけです。ATPを作る機能を持つ小器官が存在するわけです。その量は、酵素によってコントロールされています。

これまでのことを現象論的にまとめると、以下のようになります。生物は光合成によって作られた食物から、エネルギーを得ます。具体的にはまず、食物をグルコースに変換します。次に、グルコースは解糖系を通じて、三炭素化合物のピルビン酸に変換されます。そして、いろんな経路をたどって1つずつ、別の分子に変わっていくのです。

ピルビン酸分子は嫌気的発酵、もしくは好気的細胞呼吸によって代謝されます。このどちらの代謝経路をたどるかで、ATPが2個作られるか、32個作られるかという大きな違いが生じます。呼吸がいかにすごいエネルギー獲得のプロセスかが分かると思います。発酵か呼吸かで、

ATPという通貨が2個しか使えないか32個使えるか、という違いがあるのです。光合成によってエネルギーを獲得することが、いかに効率のよい過程かが分かると思います。

以上が、細胞がエネルギーを獲得するメカニズムです。

光合成について

次に光合成とは何なのかについてもう少し詳しく説明しておきましょう。

光合成は、日光のエネルギーを捕捉し、それを利用して二酸化炭素と水を、糖質と酸素に変換する代謝経路のことです。二酸化炭素と水から、糖質と酸素を作ることとです。

光合成の存在は昔から知られていました。1842年頃までには既に、二酸化炭素と水に光のエネルギーが供給されると、糖質と酸素ができる、という反応が知られていました。これにより酸素分子が作られます。二酸化炭素6モルと、水6モルから、グルコース1モルと酸素6モルが作られるというのが、当時の光合成についての理解です。

ところが実際には、何から酸素が作られるのかなど、分からない点もありました。1世紀ぐらいかけて光合成の研究が進み、酸素は、二酸化炭素からではなく水から生じることが分かります。それを表す反応式で書くと、$6CO_2 + 12H_2O \rightarrow C_6H_{12}O_6$（グルコース）$+ 6H_2O + 6O_2$となります。酸素は全て、水に由来することがわかったのです。

前記の通り、実際には経路は1つだけではありません。右の式は、複数の経路が重なって、全体としてこうなっているというものです。

実は光合成の反応には、2つの主要経路があります。明反応と暗反応と呼ばれます。光を使った反応と、光を必要としない反応の2つが絡み合って、光合成が起こるのです。

明反応では、光エネルギーを、ATPと還元された電子伝達体という形の化学エネルギーに変換し、暗反応ではATPと還元された電子伝達体から糖質が作られます。

反応に関しては3つの経路があります。第3章で少し説明しましたが、酸化還元反応は、電子や水素原子の授与と剝奪に関わるので、電子伝達体という物質が関与するのです。

明反応、暗反応というのを更に詳しくみてみると、ATPとADPの交換や、NADP⁺（ニコチンアミドアデニンジヌクレオチドリン酸）、NADPHなど、還元された電子伝達体との交換によっていることがわかります。この2つはリンクしていて、一連のサイクルとして光化学反応は進行します。明反応と暗反応という2つの反応が絡みあって、光化学反応が起こっていることが分かってきたのです。

シアノバクテリアがどうしてこんな反応を利用し始めたのか、考えてみると不思議な話です。そう考え出すとキリがありません。以上がエネルギーに関して、とりあえず必要な知識です。

遺伝

生物のもう１つの重要な機能は遺伝です。遺伝は、他の物質にはない生物の特徴の１つです。そこで遺伝の仕組みについて少し説明しておきます。

遺伝というのは、古典的には親の形質が子やそれ以降の世代に現れる現象のことです。そのメカニズムは、遺伝子と呼ばれる遺伝因子の伝授とその発現に基づくと考えられています。遺伝子という用語は概念です。その遺伝子の物質的本体がＤＮＡです。なお一部のウイルスではＲＮＡがその役を演じています。

したがって現在では、遺伝とは、ＤＮＡが親から子に伝わる現象のことといえます。ＤＮＡはデオキシリボ核酸という長い鎖状の高分子物質です。ＲＮＡは、その分子の一部の糖部分が、デオキシリボースではなく、リボースなのでリボ核酸といわれます。

このように遺伝は、ＤＮＡという物質が、情報の伝達を担っています。ＤＮＡは、２本の鎖が互いに絡み合いながら、らせん状に伸びた形の巨大な分子です。それぞれが鎖状になって連なっています。その基本単位は、リン酸と糖と塩基から構成された、ヌクレオチドという分子です。リン酸と糖でらせんを作る骨格ができ、その間に塩基が積み重なっている構造です。

遺伝情報はこの塩基の並び方で決まります。塩基には、アデニン、チミン、グアニン、シトシンという４つの異なるものがあります。その並び方で情報が暗号化されているのです。ＲＮ

Aの場合は、チミンの代わりにウラシルが用いられています。

1本の鎖の塩基の数は、哺乳動物で数十億、大腸菌でも数百万ぐらいあり、膨大な情報が含まれています。それぞれの塩基をA（アデニン）、T（チミン）、G（グアニン）、C（シトシン）と略記すると、並び方は4文字からできる言葉だと思えばいいでしょう。そういう意味では非常に単純だといえます。

その遺伝情報がなぜ重要かというと、それに基づいてタンパク質が作られるからです。生物はタンパク質からできています。タンパク質を作る情報が、その遺伝情報の中にあるわけです。しかし、情報があっても、それを作るメカニズムがなければ意味がありません。その情報は実際に、どのようにしてタンパク質合成につながるのでしょうか。

まず塩基配列が、メッセンジャーRNAと呼ばれるリボ核酸に写し取られます。この過程を転写といいます。

RNAはDNAと似た構造をもっていますが、不思議なことに、チミンという塩基の代わりにウラシル（U）という塩基を使ってる点が違います。例えば、A—Tというペアの代わりに、RNAはA—Uというペアを作るのです。そして、メッセンジャーRNAは、リボソームというタンパク質合成の場に移ります。

そのときに、塩基配列は、3連字を1つの組として情報を表します。4つではなく3つの塩基がどう連なっているのかが情報です。それぞれが1個1個のタンパク質に対応するようになっています。それをアミノ酸に対応付けながら、アミノ酸の鎖を作っていくのです。

情報となる塩基の3つの連なりをコドンといいます。そのコドンとアミノ酸の対応というのは、トランスファーRNAという物質の助けを借りて行われます。

転写という過程があり、翻訳という過程があり、トランスファーRNAによって、コドンと相補的な塩基配列のアンチコドンがつくられます。その相補的な塩基対の形成により、アミノ酸との対応ができるようになっているのです。転写と翻訳が行われることによりタンパク質ができますが、それを行っているところがリボソームです。

塩基の種類は4つで、コドンはそのうち3つが連なったものなので、コドンの総数は4×4×4で、64通りあることになります。しかし使われているアミノ酸は20しかありません。つまり、1つのアミノ酸に複数のコドンが対応していることになります。

同じような意味を持つコドンの集まりを縮退コドンといい、例えばGGUと並んでいたり、GGCと並んでいたり、GGAと並んでいたりします。GGと並んでいるのはグリシンというアミノ酸の情報です。つまり、最初の2文字が重要だということです。

アミノ酸とコドンの対応表のことを、遺伝コード表といいます。これはもう全て解読されています。また、このタンパク質の情報には、始まりと終わりの印があります。それを開始コドンと終止コドンといいます。一般にはAUGというコドンで始まり（GUGやUUGなどが使われる例も知られている）、UAAかUAGかUGAで終わるのです。その間が、ちゃんとした情報ということになります。

以上の基本的なことは、地球上の生物にすべて共通です。それが遺伝の仕組みです。では、真核生物と原核生物も、遺伝の仕組みは同じでしょうか？　実は同じではありません。使うものは同じですが、コード領域が違うのです。

DNAで1個1個の情報をもつのは遺伝子です。DNAは、その遺伝子が集まったものです。その遺伝子上で、タンパク質の情報を暗号化しているコード領域に違いがあるのです。原核細胞の遺伝子にはその情報が全て連続して存在します。先程紹介したコドンみたいなものが、全て連続しているのです。無駄なところがありません。

ところが真核細胞の遺伝子は、イントロンと呼ばれる、意味のない長い塩基配列で、分離されているのです。意味のある情報をエクソンといいますが、エクソンがバラバラに切られているのです。

真核細胞には、そのような無駄なものがあるので、転写から翻訳への過程が非常に複雑になります。意味のないものを切って、意味のあるものだけをつなげるといった、余計なことをやらなければなりません。そのためにまず、メッセンジャーRNAの合成があり、次いでイントロン部分を除去し、隣接するエクソンを連絡する、というようなことを行います。このような過程をスプライシングといいます。

どうして無駄が多いのか、その理由は分かっていませんでしたが、遺伝情報がすべて読めるようになったことにより、少しずつ明らかにされています。第8章でもう少し詳しく説明しますが、ウイルスが関係しているのではないかなど、いろいろと新しい情報が報告されているのです。

以上が、地球上の生物とは何かに関する基本的なことがらです。今後の議論に関わりそうな生物学の基礎ということで紹介しました。

第5章 生命と環境との共進化

ダーウィンの進化論

地球生物の進化を研究する分野を古生物学といいます。もともとは化石の研究からスタートし、最近は分子生物学的な面からの研究が、著しく進展しています。

古生物学はその後、生物進化を研究するというより、地層の年代を決める有力な手段である層序学的な研究と結びつき、堆積学に基づく古環境研究とも密接なつながりを持つようになっています。

その結果、地球環境の変遷と生物進化が、深く関連していることを示す事実が次々と明らかにされつつあります。本章では、このような観点から、生物進化の研究の現状を紹介したいと思います。

生物の特徴のひとつは、適応です。なぜ適応が起こるか、その説明を与えるのが自然淘汰という考え方です。

一方で性淘汰という事実も知られています。クジャクのオスの例が有名です。クジャクのオスが広げて見せる美しい羽は、生き延びる（自然淘汰）という意味ではほとんど寄与しませんが、交配をするという意味では寄与します。メスの注意をひいて、より多くのメスと交配をして子孫を残す可能性があるからです。このように適応に関しては、性淘汰という現象も起こるといわれます。

生物進化を現象としてみると、現在の生物種の多様性と関係しているように見えます。生物のなかに残されている遺伝情報に基づくと、地球の生命は、共通の1つの細胞から進化してきたことが、推定されます。それは系統樹という、1本の木が枝分かれするような形で描かれます。枝分かれによって、種の多様性が表現されるといってもいいでしょう。

生物の進化に関してダーウィンが主張したのは、自然淘汰に加えて、漸進的な進化です。進化は、突然ある瞬間に起こるのではなくて、ゆっくりと変化していくということです。

ところが、このダーウィン説には難点があります。化石を調べると、徐々に変化していくような、進化の途中段階のものが見つからないのです。移行型といいますが、徐々に変化していくような化石の存在は知られていません。ある形態のものが、別の形のものに、地層が変わるごとに突然変わっていくのです。

したがって、漸進的という考えは、化石の観測事実と合いません。今でも化石に基づいて、進化は漸進的か断続的かという議論が行われています。

徐々に変わるということは、変化がゆっくり起きるということです。そのためには長い時間が必要です。したがって、ダーウィン説が発表された当初、地球の年齢は生物進化には短すぎる、というのが難点の1つとして挙げられました。

当時の英国を代表する物理学者が、前記のケルビン卿です。彼の推定した地球の年齢は、せいぜい2000万年、長くても数億年というものでした。そんな短い時間のうちに、徐々に変化が起こり、この膨大な数の生物種が生まれてくるのか、という疑問が指摘されていました。もっと本質的な意味で、困難な問題もありました。遺伝のメカニズムです。ダーウィンが信じていたのは、混合遺伝という遺伝のメカニズムです。混合遺伝だとすると、自然選択で獲得された有利な形質は、世代を経るごとに次第に薄められます。したがって、自然淘汰は起こりません。

実はその頃、グレゴール・ヨハン・メンデルが既に、近代的遺伝学につながる実験を行っていました。しかしダーウィンはそのことを知りませんでした。『種の起源』が出版されたのは1859年、メンデルの論文は1865年に提出されています。しかし、メンデルの実験は、当時ほとんど知られていませんでした。

メンデルの理論では、一対の要素のうち、一方が優性で一方は劣性であると、両者は混じりあわず優性の形質だけが残ります。これはダーウィン的に考えれば、つじつまが合います。混合遺伝だと説明できませんが、メンデルの遺伝学的には支持されるのです。

これらの、当時は解明困難と考えられていた問題は、その後解決されました。例えば、地球の年齢も46億年と長くなりました。

20世紀になると、進化論はダーウィンの自然淘汰説とメンデルの遺伝学が合体して、新たな装いになります。当初は、ダーウィン流に考える生物統計学派と、突然変異によって一足飛びに生じるとするメンデル学派があり、一見すると違うので対立していました。しかし、遺伝学が発達し、突然変異の実態（種まで広がること）が明らかになると、実は両者は対立するものではないことが分かりました。その結果、自然淘汰説がより補強され、ネオダーウィニズムと呼ばれるようになり、集団遺伝学、古生物学、発生学、生物地理学、系統分類学、生態学など生物学の多様な分野の成果に基づき、「進化の総合説」と呼ばれるようになったのです。

化石について

その間に、古生物学という学問が登場してきます。古生物学は、化石を研究する学問です。化石という用語は、中国や日本で使われていた言葉です。もとの意味は、「石に変わる」ということです。

英語で化石を意味する言葉は、"Fossil"です。ラテン語で発掘物を意味する"Fossilis"が語源で、石に変わるという概念はありません。ですから、英語のFossilと、日本語の化石は、実はもとの意味が違うのです。

漢字で表わすと、石に変わらないと化石でないように思いますが、科学的な意味としては、大昔の生物が残していったものがFossilの意味です。したがって、化石の定義は、「過去の生物の遺物」です。過去の生物とは古生物のことです。

日本人が化石に注目するようになったのは、薬として使われていたからです。古生物の骨や角である竜骨が、生薬として利用されていたのです。

化石はこのように、昔から日本人に関心を持たれていました。『雲根志』という本で、それを体系立ててまとめたのが、木内石亭という人です。18世紀から19世紀頃のことです。彼は今風にいえばコレクターです。この本で自分の集めたものに解釈をくわえたのです。

タイトルにある「雲根」は、岩のことです。中国では、雲は山気が石に触れてできると考えられていました。つまり、岩石は雲の元であるから、雲根と言われたのです。「志」は「こころざし」ではありません。雑誌の「誌」で、ありとあらゆることを述べるという意味です。

日本でも中国でも、化石は、「石になったもの」と考えられていましたから、今の化石観とは違います。しかし、ギリシャ時代の化石観は、現在とあまり変わりません。クセノファネスという人は「化石は過去の生物の遺物」と考えていました。紀元前6世紀のことです。

その後、この考え方をゆがめたのが、アリストテレスです。彼は、天文学でも、それ以前の太陽中心説を地球中心説に変えてしまいましたが、生物学についても同じです。

アリストテレスは、化石の成因として、「神秘な力によって化石ができる」という造形力説を主張しました。それ以降、この考え方がずっと続くことになります。

それでも、クセノファネスの化石観は、ダ・ヴィンチのように、物事を合理的に考える人には支持されていました。じつはダ・ヴィンチは、聖書に書かれている6000年前の天地創造説や、ノアの洪水説を明確に否定しています。しかし、身に危険が迫るので、それを記録には残しませんでした。

余談ですが、ここで化石観にかかわるベリンガー事件を紹介しておきましょう。

ドイツのヨハン・ベリンガーという人が、17世紀〜18世紀頃、ヴュルツブルクで化石を収集していました。化石の石版図集を描いてもいます。

彼の本職は医者で、当時、名声を博していたようです。ベリンガーがヴュルツブルクで化石を採取していることは、周知のことでした。そこで、彼の名声を妬んだ者が、周辺にいろいろと変わったものを埋めておいたのです。ベリンガーはそうとは知らずに、それを掘り出しては記述して本にしていきました。

自分の名前が入っている化石が出てきたことで、ベリンガーはようやく騙されていたことに気がつきます。彼が愕然として、大変なショックを受けたであろうことは、想像に難くありません。

ベリンガーも、造形力説の信奉者でした。この時代にもまだ、アリストテレスの考え方が支持されていたのです。

中国では、朱子がクセノファネスと同様の化石観を持っていたことが記されています。中国では当時から、化石について、現在に近い認識を持っていたといえるかもしれません。

化石と生物進化

近代的化石観は、地質学の発達を通じて、18世紀〜19世紀にかけて登場します。その過程で特に重要な人物を挙げるとすれば、イギリスの地質学者ウィリアム・スミスでしょう。彼は後に層位学と呼ばれる学問を始めました。

層位学とは、地層の年代を決める学問です。地質学に地層累重の法則（提唱者は先述のライエル）と呼ばれるものがあります。これは、下層にある地層ほど古い、という法則です。スミスは、化石によって地層の年代が分かる、と主張しました。化石そのものの研究ではありませんが、化石が地層を決める上で非常に重要な指標になることに気付いたのです。その結果、層位学という学問が誕生しました。

もう1人重要な人物として、ジョルジュ・キュヴィエというフランスの博物学者を紹介しておきます。比較解剖学の創始者です。現生の生物と比較して研究する手法を、初めて化石の研究に持ちこみました。生物を解剖したものと化石とを比較して、生物進化を明らかにしようとしたのです。

そういう意味では非常に優れていましたが、解釈に関しては旧来の考え方に固執しました。天変地異説に立っていたのです。

地層ごとに化石が異なるという観測事実は、種の不変説では説明できません。種は進化すると考えなければ辻褄が合いません。しかし、キュヴィエは種の不変説に立ち、天変地異が起こるたびに、神が新たな種を創造したと解釈しようとしたのです。

しかし、現在にも通じる合理的な手法で化石を見ようとした点は評価できます。

その後、前記のライエルというイギリスの地質学者が登場します。ライエルが著わした『地質学原理』の考え方と、生物学とをうまく結びつけたのが、ダーウィンです。古生物学を生物の歴史学と位置付けたのが、ダーウィンの進化論の重要な点です。

古生物学という名称は、1834年頃に登場します。この学問には2つの系列が知られています。1つはスミスに従う流れです。彼は、化石を研究の手段として、地球の歴史や地層の構造を知ることができる、と考えました。それが、層位学につながっていきます。

もう1つの流れは、化石は生物であるという観点から、生物の系統発生とか、進化の法則を研究するものです。進化古生物学で、この分野では、系統樹が有名です。

古生物学が19世紀から20世紀にかけて生き残ったのは、層位学という地質学にとって非常に重要な学問分野があったからです。しかし、化石研究がなぜ重要かといえば、やはりそれが、生物の進化の法則を明らかにする手段だからといえるからでしょう。その過程を理解し、古生物学的に系統樹をつくること、具体的にいえば、系統発生の諸段階を、化石に基づいて決めていくことが、この学問の最も重要な目的です。

系統発生という概念は、ドイツの生物学者エルンスト・ヘッケルの反復説に由来します。その理論は、ヘッケルの有名な言葉、「個体発生は系統発生を繰り返す」に端的に表現されています。

古生物学は地層の層位を決める上で大きな役割を果たしましたが、今ではその重要性は薄れています。その後、地層の年代測定法として、放射性元素を使ったものが登場したからです。堆積岩の地層などでは今でも、古生物学的にしか年代決定ができない場合もありますが、年代決定という意味では、古生物学的アプローチは脇役に甘んじているといっていいでしょう。古生物学はしたがって、層位学的としてより、生物進化に関わる研究にとって、より重要になっています。

最古の細胞化石のその後

先に、最古の生物化石は、オーストラリアで発見された、約35億年前のシアノバクテリアの細胞化石であることを紹介しました。シアノバクテリアは光合成をします。その結果、環境に酸素が放出されます。

したがって、この化石から地球環境の変遷を探るためには、生物が光合成をするか否かに、重要な意味があります。2002年、「ネイチャー」に、この化石の作られた場所は浅い海ではなく、深海底の熱水の循環するような場所であるという論文が発表されました。そうだとすると、この化石は光合成生物ではありません。この細胞化石は硫黄酸化細菌のような化学合成細菌ではないか、という主張も登場して、論争になっています。

2004年に、南アフリカで、別の約35億年前の微化石が見つかりました。発見された地層の状況から、この微化石が堆積した当時は、浅い海だったと推測されました。

問題は、これが本当にシアノバクテリアか、ということです。非酸素発生型の光合成細菌ではないか、という見方もあり、最古の細胞化石がシアノバクテリアかどうかは、まだ確定していません。

実は、細胞化石ではありませんが、これより前にも、生命の存在が示唆されています。35億年前以前の地層で、ストロマトライトと呼ばれるバイオマーカーの存在が知られているのです。バイオマーカーとは、環境との相互作用の結果、生命が残すなんらかの痕跡のことです。間接的ですが生命が存在した根拠といえます。

グリーンランドに38億年くらい前に形成された最古の堆積岩層中に、ストロマトライトという石灰岩質の地質構造が存在します。これは現生のシアノバクテリアが作るストロマトライトという構造に似ています。そのストロマトライトの周辺では、生物固有の炭素同位体比も測定されています。

そこで、シアノバクテリアの細胞化石がなくても、当時、既に生命が存在したのではないか、という主張があります。しかし、このストロマトライトに関して、それが本当にシアノバクテリアが形成したのかについて、決定的証拠があるわけではありません。この最古の堆積岩層に存在するストロマトライトが、現生のものと成因が同じかどうかは証明されていません。したがって、今のところは、生命存在の可能性を示唆する状況証拠があるという段階です。

カンブリア大爆発

最古の生物が、原核細胞を持つ単細胞の生物であることは知られていますが、真核生物がいつごろ誕生したのかは、まだはっきりしていません。堆積岩の地層は、年代を特定するのが難しいからです。

現在報告されている最も古い地質学的証拠は、約27億年前の地層にあるものです。真核生物が持つ、ステロールという物質が変化した分子（ステラン）が存在する、という報告がその根拠です。ステロールとは植物における名称で、動物ではコレステロールと呼ばれます。

また、グリパニア化石というものが、21億〜19億年くらい前の地層から見つかっていて、これが真核生物ではないかと見られています。14億年くらい前の化石でも、その種のものが見つかっています。つまり、20億〜十数億年くらい前には、真核生物が誕生していたのではないかと推測されています。

我々になじみの深い生物はほとんどが多細胞生物です。単細胞の生物から多細胞生物がいつ分岐したのかも、興味深い問題です。9億年くらい前という報告がありますが、はっきりしていません。

もっと明確な多細胞生物の証拠となると、6億年前のものと見られるエディアカラ動物相になります。これは非常に有名な動物群の化石です。この頃になると、化石がたくさん出てくるのではっきりしています。

6億年くらい前のカンブリア紀になると、現存している多細胞動物の主要なグループは、ほとんど現われています。この頃には、「カンブリア大爆発」といわれるほど、一気に多様な生物が出現しています。

たとえば5億3000万年くらい前のバージェス頁岩《けつがん》の動物相を見ると、実に多様な種類の生物が確認できます。

酸素変動と生物進化

最古の細胞化石論争がなぜ重要なのかといえば、実はそれが、大気中の酸素濃度変動と密接に絡んでいるからです。環境と生物の共進化という重要な問題に関係するのです。

生物が、光合成によって、活動の元となるエネルギーを得ていることは、第4章で紹介しました。光合成というと、一般には、酸素発生型の光合成をイメージします。当然、光合成の出現は、大気中の酸素濃度に大きな影響を及ぼします。酸素濃度の変動という大気の進化は生物進化に関わるため、シアノバクテリアがいつ頃出現したのかが、非常に重要な問題なのです。

では酸素発生型の光合成生物が生まれたら、大気中の酸素濃度はすぐに上昇したのかというと、そう単純な話ではありません。その当時まだ、還元的な火山ガスが噴出していれば、その酸化に使われ、大気中には残りません。あるいは、光合成によって、二酸化炭素と水から有機物と酸素が作られても、それが死んで朽ち果てれば、バクテリアによって酸化分解され、二酸化炭素と水に変わります。酸素は消費されてしまい、環境中に蓄積されないのです。

つまり、作られた有機物が海底や湖底の堆積物中に埋没し、酸化されないことが重要となります。すると、遊離酸素は蓄積することになります。

当時の大気中の酸素濃度は0・1%以下くらいで、年間だいたい1・6億トンくらい蓄積します。現在の値の21％になるのに、この割合だと数百万年かかります。そのくらい微々たるものだということです。

では、数百万年あれば本当に蓄積するのかというと、そうではありません。この蓄積した酸素は、じつは他にも消費されるからです。例えば、かつて有機物として地下に蓄えられていた、堆積岩中に含まれる有機物が地表に露出してきたりしますから、その酸化に使われます。光合成生物が出現してもすぐに、酸素がたまるわけではないのです。

大気中の酸素の変動が、生物の進化に深くかかわっているのは確かです。しかも、それが光合成に関係しているということも事実ですが、不明な点もまだまだ多いわけです。

光合成生物がいつ頃誕生したのか？　その結果、大気中の酸素濃度はいつ頃増え始めたのか？

また、ほとんどの真核生物は呼吸をするので、環境中に酸素がたまらないと生きられません。では、呼吸でエネルギーを得るような生物は、いつごろ生まれたのか？

これらの問題はすべて、大気中に酸素が蓄積される過程に関わっているのです。

酸素と二酸化炭素の変動

酸素濃度の変動は、炭素循環を通じて、二酸化炭素濃度の変動とも関係しています。大気中の酸素濃度が現在のレベルになったのは、6億年くらい前と考えられています。少なくとも6億年前以降は、酸素濃度と二酸化炭素濃度が、炭素循環と非常に密接に関係していることが地質学的証拠から明らかです。

6億年くらい前以降の酸素濃度は、二酸化炭素濃度の変動と逆相関になっています。それは、堆積岩や古土壌から、推定することができます。酸化的な環境で堆積する土壌や堆積岩と、そうでない環境下で堆積するものとは異なるため、それを見ると、二酸化炭素濃度が増えると酸素が減り、二酸化炭素濃度が減ると酸素濃度が増えることが分かるのです。

例えば、3億年前の石炭紀後期の変動が、大気の酸素変動と二酸化炭素変動の相関や、生物進化との関係を見るには分かりやすいでしょう。

この時代、二酸化炭素濃度が低下して、酸素濃度が上昇します。二酸化炭素濃度の低下により温室効果が低下し、気候は寒冷化したので、ゴンドワナ氷河期と呼ばれます。一方で、酸素濃度が上昇したので、節足動物が巨大化し、何mもあるような昆虫が出現しました。

スノーボールアース

地球の歴史を考えると、スノーボールアースという、生物の進化に関わるもっと大規模な環境変動がありました。地球が全球的に凍りついてしまった大事件です。これが起きたメカニズムはまだよくわかっていません。ただ、スノーボールアースによって、生物の進化は影響を受けただろうことは指摘されています。

21億年前～19億年前、最古の真核生物の化石といわれるグリパニアが出現する少し前に、ヒューロニアン氷河期と呼ばれる時代があります。当時、スノーボールアースが起き、地球は赤道まで含めて、全球的に凍りつきました。今から7億年くらい前にも、スターチアン氷河期とか、6億年くらい前に、マリノアン氷河期と呼ばれる寒冷期があります。これも、スノーボールアースが起きたことによるものです。

地球史では少なくとも3回、スノーボールアースが起きたことが確認されています。最初に起きたあと、真核生物が誕生し、3度目のあとにエディアカラ動物群が出現し、その後、カンブリア大爆発という生物進化が起きました。地球史と生物史を年代順に並べると、大きな環境変化と生物の進化が絡んでいるように見えます。しかし、その因果関係はまだよく分かっていません。

光合成と生物進化

光合成は、生物進化に深く関係するので、ここでもう少し詳しく説明しておきます。

光合成には明反応と暗反応があります。明反応では、光のエネルギーを用いてATP（アデノシン三リン酸）を合成します。先に述べたように、ATPは生物の体内で、エネルギーの通貨のような役割を果たします。

暗反応では、二酸化炭素と水から糖を合成します。

明反応も暗反応も、細胞の中で同時に起きています。そこで、通常は光合成の説明として、水と二酸化炭素から酸素が作られると表現するわけです。

光合成は、昔から知られていました。しかし、酸素が水と二酸化炭素のどちらから生まれるのかは分かりませんでした。その後、詳しく調べられた結果、酸素は水分子の分解によって作られることが分かったことは、以前に述べました。

光合成の仕組みは非常に複雑です。生物進化を考えると、こんな複雑な過程がどのようにして獲得されたのか、じつに不思議です。

光合成では、まず光を効率的に吸収する必要があります。葉緑素が光を吸収しますが、その過程にも光化学系ⅠとⅡというものがあります。Ⅰは700ナノメートルの波長の光を吸収する系で、Ⅱは680ナノメートルの光を吸収する系です。

光化学系Ⅱは、光を吸収すると電子が放出され、それを補充するために水分子から電子を奪う際に酸素が発生するメカニズムです。

Ⅰでは、それを可能にするために、もう1つの電子伝達系を経由して、電子の受け渡しをしているプロセスです。光合成の明反応では、具体的にはこのようなことが起こっています。シアノバクテリアという原始的な生命体も、この２段階の過程を行っています。

一方で、酸素を発生させない光合成もあります。この過程でも光のエネルギーを利用しますが、酸素は発生しません。例えば、原核生物である真正細菌の中に光合成を行うものがありますが、こうした細菌の光合成では、水の光分解によって酸素が発生することはありません。水の代わりに水素や硫化水素、チオ硫酸などを用いるのが、酸素非発生型光合成です。

先ほど紹介した光化学系のⅠとⅡの両方を持っていると酸素発生型光合成となりますが、酸素非発生型の光合成細菌は、ⅠかⅡのどちらかしか持ちません。したがって、このⅠとⅡは、進化の過程で、独立に獲得された機能であると考えられます。

では、酸素発生型光合成に必要な２つの過程は、どのようにして獲得されたのでしょうか。それは、遺伝子の水平伝播によるのではないか、というのが１つの考え方です。水平伝播は、次のように説明できます。

遺伝子は普通、親から子へというように、「垂直的に」伝播すると考えられています。同じ種の間ではその通りです。しかし、種の異なる生物の間では、垂直的ということはありません。遺伝子が水平に交換されるのです。そういう過程を経て、２つの過程が獲得されたのではないか、といわれています。

これは非常に大事な問題です。遺伝子の垂直伝播は系統樹で表わされますが、水平伝播はそうではないからです。細菌の場合、この水平伝播が重要かもしれないので、系統樹で本当に進化が表現できるのか、という疑問が生じるのです。

長期的な酸素変動

先に、石炭紀の酸素濃度の変遷を紹介しましたが、もう少し長いタイムスパンで、酸素濃度がどう変わったのか、紹介したいと思います。

酸素濃度の変化は、堆積岩を調べることで推測できます。黄鉄鉱や二酸化ウランといった、環境中に酸素がないことを表わす指標があるのです。

これらの鉱物は、還元的な環境でのみ堆積します。たとえばウランは、酸素があると水溶性の別の形態になり、二酸化ウランとしては堆積しません。黄鉄鉱も同様です。25億〜24億年以上前の地層にはこれらが存在しているので、その時代には酸素がなかったろうと推測できるわけです。

では逆に、酸素があると何が起こるのでしょうか。この場合は鉄が酸化されて堆積します。これには、二価の鉄と三価の鉄の水への溶解度の違いが関係しています。

酸素が少ない環境下では鉄は二価の状態です。酸化されると三価の鉄イオンになりますが、その溶解度は二価の鉄イオンに比べると低いので、二価のときほど多量には水に溶け込めません。だから、環境が酸化的になると、大量の鉄の酸化物が堆積するのです。それをわれわれは現在、縞状鉄鉱床として利用しています。

土壌中の鉄も酸化されます。赤色土壌といいますが、これは22億年くらい前から存在しています。この頃に、環境中の酸素濃度に大きな変化があったのではないか、と見られているのです。

この時期に、縞状鉄鉱床も大量に形成されています。海の中で、鉄の酸化状態が二価から三価に変わったのだろうと推測されています。ただし、縞状鉄鉱床には、このような過程で形成されない例もあるので、これだけでは断言はできません。

最近は、硫黄同位体比の変化を見ることで、環境中の酸素濃度が推定されています。これは硫黄同位体の質量非依存性分別効果という現象を利用するものです。この詳細は専門的で複雑なので説明は省略しますが、その変化を見ると、やはりこの時期に非常に大きな変化が見られます。そこで、24億年〜20億年くらい前に、酸素濃度の大きな変動（大酸化イベント）があったのではないかと推測されています。

酸素濃度が増加すると、オゾン層が形成されます。すると、そこで紫外線が吸収され、硫黄同位体比の変化が見られなくなります。したがって、オゾン層もその頃に形成されたのではないか、と推測されています。これは、次のような重要な問題に関係しています。陸上に生物が進出するのは、大気中の酸素濃度が上昇してオゾン層が作られたからだと、かつては説明されていました。硫黄同位体のデータから、オゾン層が形成されたのは24億〜20億年前かもしれないとなると、生命が陸上へ進出したのは酸素濃度が上昇した6億年前以降、という従来の説が覆ることになります。この硫黄同位体比の変動を見ることによって、これまでの常識がまったく変わる可能性が出て来たのです。

22億年〜20億年くらい前の地層には、炭素同位体比の正異常（プラス）も見られます。これは、生物の光合成によって、軽い同位体成分が大量に奪われたことを意味します。これもまた、当時、酸素濃度が大量に増加したことを示しています。この変化は炭素同位体比からも、硫黄の同位体比からも、堆積岩そのものからも推測できるのです。

大気中の酸素濃度は、24億年前に増加し、さらに22億年前に急増したとも考えられます。したがって最古の真核生物の化石が、そのころの地層で発見されることには整合性があるのです。真核生物の誕生と酸素濃度の変化は、このように関係しているのではないかと考えられています。

酸素が急増すると真核生物が生まれるのは、真核生物は酸素呼吸を行うからではないかと考えられます。そのためには、現在の１００分の１以上の酸素濃度が必要でした。大酸化イベントのような変化が起こらないと、ここまで酸素濃度は上がりません。なぜその頃に真核生物が生まれたかといえば、酸素濃度が変化したから、というのが現在のところ妥当な考えと言えそうです。

海水中の酸素濃度と大気中の酸素濃度の変動は、同じというわけではありません。6億年くらい前までの原生代中期には、海水中の酸素濃度がまだ低いことを示す地球化学的データがあります。

しかし、海水中の酸素濃度も原生代末期、6億年前には急増しています。それが先ほど紹介した、多細胞生物が爆発的にふえたことと関係しているのではないかともいわれています。もうひとつ関連するのが、酸素濃度が変化する前に、スノーボールアースというイベントがあることです。

大気中の酸素はいつ頃から蓄積したのか

以上のような問題に関係しているため、シアノバクテリアがいつ生まれたのかという問題が、非常に重要になるのです。酸素濃度が上昇するためには、光合成をする生物の誕生が必要で、その可能性があるのは、シアノバクテリアだけだからです。

シアノバクテリアの誕生が約35億年前という年代が正しければ問題ありませんが、これまで紹介したように、まだいろいろ異論もある段階です。加えて、ストロマトライトというシアノバクテリアの存在を示唆する地質学的構造も、最古（約38億年前）の堆積岩中に見られ、この2つが従来から、シアノバクテリア最古生命説の証拠といわれていたものです。それに疑問符がつくような話が、いくつか提出されているということは前に紹介しました。

シアノバクテリアは、2-メチルホパンという有機化合物をつくります。これが地層中に存在すれば、シアノバクテリアが存在したバイオマーカーとして使えます。これが約27億年前、あるいは25億〜24億年前の地層中から検出された、という報告があります。

しかしこの報告も、多くの研究者が認めているわけではないので、まだ確定的とはいえません。そもそも、シアノバクテリアが35億年以上前から生存していたなら、本来は酸素が蓄積していいはずです。なのになぜ、25億年〜24億年前まで酸素濃度は低かったのか？　その理由はまだ分かっていません。

これまでは、当時は地球の中から出てくる火山ガスが還元的で、そのために酸素が消費されていたと説明されてきました。メタンガスが噴出していると、それを酸化するために酸素が使われ、消費されてしまいます。そのため酸素濃度が低かったというわけです。

しかし、当時の地球の火山ガスが、メタンガスだったという証拠があるわけではありません。となると、バイオマーカーが25億年〜24億年前の地層中に存在するというデータが本当なら、そのころにシアノバクテリアが爆発的に増え、酸素が蓄積したと考えるのが最も分かりやすい解釈になります。

嫌気性生物と好気性生物

生物は酸素に関して、嫌気性生物と好気性生物の2つに分類されます。酸素がたまると嫌気性生物は生きられなくなりますが、好気性生物にとっては好都合です。そして、分子進化学の面では、生物は真正細菌と古細菌と真核生物の大きく3つに分類されることを前に説明しましたが、そのうち真正細菌や古細菌の大部分は、酸素なしでも生きられる嫌気性の生物です。

嫌気性生物は大部分が、呼吸ではなく発酵によってエネルギーを得ています。発酵も有機物を酸化させるという意味では、呼吸と同じです。発酵の場合、嫌気的な条件下で有機物を酸化させて、ATPを作ります。

ATPは生命にとって、エネルギーの通貨みたいなものであることを前に説明しました。そのATPは、例えばアルコール発酵では、グルコースから2分子作られます。これが発酵のエネルギー獲得効率になります。それは、酸素呼吸のおよそ5%にすぎず、嫌気性生物は、エネルギー的には非常に制約された生き物なのです。

一方、酸素分子は、生物の細胞内で活性酸素を作ります。したがって、周囲のタンパク質等を酸化し、損傷を与えるので、生物にとってあまりありがたくない物質といえます。

効率的な酸素呼吸でエネルギーを得る仕組みを持つためには、酸素があっても大丈夫な仕組みが体内になくてはなりません。その準備ができてはじめて、好気性生物が生きられるようになるのです。

酸素呼吸が有効になるためには、大気濃度として1％以上が必要です。それをパスツール・ポイントといいます。このレベルに達したのがいつ頃だったかが、次の重要な問題です。真核生物の誕生が25億年～24億年前だとすると、そのころ酸素濃度が上昇したと考えられます。

好気性生物について、もう少し説明しておきましょう。真核生物のほとんどが、好気性生物です。動物も植物も菌類も原生生物も、いずれも好気性です。動物の体を支える物質としてコラーゲンがあります。コラーゲンの生合成には酸素が必要です。好気性生物はあらゆる意味で、酸素にものすごく依存しているのです。

好気性生物の起源に関しては、細胞内共生説が提唱されています。細胞のなかにミトコンドリアという細胞内小器官がありますが、そこに、アルファプロテオバクテリアと呼ばれる好気性細菌が共生して、生まれたのではないかという説です。

真核細胞はステロールのような化合物を作ります。前記のように、それに関連した分子ステランが、約27億年前の地層中で発見されています。また、最古の真核生物の化石として知られるグリパニア化石が、約21億年～19億年前に存在していたことも、先述の通りです。したがって、酸素濃度は25億年～24億年ぐらい前から蓄積しはじめて、約20億年前に、現在の約１００分の１のレベルになり、そして約6億年前に、現在のレベルになったのではないかと推測されているのです。

酸素濃度が20億年くらい前に、現在の１００分の１になったとすれば、その頃オゾン層も作られたはずです。そうだとすると生物の陸上進出も、そのころであってもよい、というのが最近の考え方です。

直近6億年の生物進化

地質学的な記録として、生物進化の証拠が多く残っているのは6億年くらい前からです。地球史上、最初の大型生物の化石であるエディアカラ生物群も、約6億年前の地層中で見つかっています。真核生物の中で、１個の真核細胞を持つ単細胞生物が原生生物です。それが進化して、植物みたいな生物が生まれます。原生動物が進化したものを、後生《こうせい》動物といいますが、それが出現してくるのが6億年くらい前です。

そのあとに多様な生物種が登場して、カンブリア大爆発と呼ばれる時代が始まります。バージェス動物群と呼ばれる奇妙な生物群が生まれ、進化が爆発的に起こったのです。

最近は分子時計という測定方法があります。次章でそれについてもう少し詳しく紹介しますが、DNA分子のある部分での変異を追跡して、いろいろな生物種についてそれぞれがいつ頃分かれたのか、を推定する方法のことです。

それによると、後生動物の放散は12億年〜8億年くらい前のことです。これはエディアカラ生物群のことです。したがって、先ほど述べた、化石による推定とは異なります。多細胞生物の出現時期については、分子時計の推測と化石に基づく測定とでは、まだ、矛盾した結果が出るのです。

最も原始的な後生動物は海綿動物です。その誕生から現在に至るまで、各種の動物が出現してきますが、その系統は化石的に全て追跡されています。どういう種類のものがいつごろ出てきたのかは、ほぼ分かっているといっていいでしょう。

酸素濃度の変化でみると、デボン紀中期からペルム紀にかけて、大気中の酸素分圧が増大します。陸に上がった両生類が多様化して、哺乳類につながる段階です。このあたりから多細胞生物の本格的な進化が始まります。

当時の酸素濃度と生物進化に関しては、バークナー・マーシャルが1965年に、大気中の酸素濃度の上昇が生物の陸上進出を可能にした、と主張しました。シルル紀（4・2億年前）に大気中の酸素濃度が上昇し、オゾン層が形成され、有害な紫外線が地表に届かなくなったため、生物の陸上進出が始まったと考えたのです。

しかし、オゾン層の形成は、現在の酸素濃度の100分の1程度でも可能であることが、今では分かっています。すなわち、今から約20億年前に、それが起きてもよいことになります。

したがって、生物の陸上進出について、従来言われていたような考えではなく、まず、バクテリアや菌類が陸上に存在したのではないかとも考えられます。バイオマットのようなものです。バイオマットとはバクテリアのコロニーですが、そのようなものを地上につくったことが考えられます。そこに藻類の一部が上陸して菌類と共生し、地衣類として地表面を覆ったというのが、今日、新たに考えられている生物の陸上進出のストーリーです。

その後、コケ植物が地表を覆うようになり、クックソニアのような前維管束植物を経て、維管束植物であるシダ植物へと進化し、更に種子をつくる裸子植物や被子植物に進化した、と見られます。

動物についても、シルル紀に節足動物が進化した、と考えられています。節足動物は、現在陸上で最も種類が多い生物です。分かっているだけでも100万種を超えます。これでもまだ、5%ぐらいしか分類されていないのではないか、といわれ、未分類の、大変な数の種が存在するのではないかと考えられています。脊椎動物が陸上に進出するのが4億年くらい前です。このように、動物も、植物と並行して陸上に進出していきます。

石炭紀（3・67億年～2・89億年前）の最初の約2000万年は、生物化石が見つからない空白期間です。このころ、酸素濃度が大幅に低下したのではないか、と考えられています。陸上に進出した動物は、この時期にほとんどいなくなり、その後、第2の進出があったのではないかというのです。

それは石炭紀後期の、酸素濃度の上昇期に相当します。当時、酸素濃度は、多いときは35％ぐらいまで上昇し、少ない時には十数％まで下がり、そしてまた21％くらいまで回復する、と大幅に変動したとみられています。

それでは、二酸化炭素の濃度は時間的にどう変化したのでしょうか？

地質年代は太古代、原生代、顕生代と大きく区分されます。顕生代とは、多細胞生物の後生動物のような生物が現れて以降の時代をいいます。顕生代はさらに古生代、中生代、新生代に分かれます。古生代の最後のころ、二酸化炭素濃度は下がっていることが知られています。

一方で、このころ、酸素濃度は一度上昇したのち、下降します。この下降した時期に、先ほど紹介した生物化石の空白期があるのです。

古生代はさらにシルル紀、デボン紀、石炭紀と分かれます。石炭紀にも地質学的な大事件が起こっています。ユーラシア大陸とゴンドワナ大陸が衝突して、パンゲアと呼ばれる超大陸が形成されたのです。

石炭紀は、地表がシダ植物に覆われていた、大森林時代です。それが今は石炭になっているので、石炭紀と呼ばれています。

この時代は、維管束植物と呼ばれる、根を張る植物が繁栄しました。植物が根を張ることで土壌が非常に安定化し、流出しにくくなりました。

土壌は岩石が粉々になったもので、表面積が大きいので、化学反応がよく進みます。その結果、二酸化炭素の消費量が高くなります。化学的風化作用と呼ばれますが、これが非常に高くなるのです。こうして、大気中の二酸化炭素濃度は減りました。当時、現在と同程度まで下がったと考えられています。

二酸化炭素が減ると、寒冷化します。だから、ゴンドワナ氷河期と呼ばれる、非常に寒い時代を迎えたのです。緯度30度ぐらいまでが、氷河で覆われていました。

その結果、有機物が大量に埋没します。そこで、海水の炭素同位体比がプラスになります。このように、二酸化炭素濃度の変動は、地質学的な証拠からも裏付けられています。

大量の有機物が埋没すると酸素濃度が増加する、と先に述べました。有機物が分解されるということは、酸化されることです。その結果、有機物は、二酸化炭素と水に戻ってしまいます。

有機物が分解されずそのまま埋没すれば、その分、酸素が残ります。したがって酸素濃度が増加し、35%程度になったのです。すると、節足動物が巨大化したり、脊椎動物も大型化したりします。このような生物進化がこの頃起こったのです。

絶滅について

生物の分類は、門、綱、目、科、属、種などの階層に基づいて行われます。これはリンネの分類法です。古生代から現在まで、顕生代における生物の科のレベルの変化を見てみましょう。6億年前以降からの生物の進化を見ると特徴的なことがあります。絶滅が繰り返し起こっているのです。

生物は何らかの理由で増えて、すなわち放散し、減って絶滅して、という増減を繰り返しています。したがって、進化を考える上では、絶滅がどのように起こっているのかを調べることも必要です。

少なくとも顕生代——今から6億年前以降の地質年代ですが——に生物の数が著しく増えて以降、大量絶滅が5回あったことが知られています。オルドビス紀/シルル紀、デボン紀後期、ペルム紀/三畳紀、三畳紀/ジュラ紀、白亜紀/古第三紀です。

史上最大の絶滅は、ペルム紀(Permian)/三畳紀(Triassic)〈P/T境界〉の絶滅です。P/T境界イベントといわれます。当時の生物種の90%以上が絶滅したといわれています。

例えば、三葉虫や造礁性の刺胞動物、腕足類、アンモナイトなどが、この時絶滅しています。

節足動物を含む多くの動物が、ほとんどいなくなってしまったのです。

絶滅には、なんらかの理由があるはずです。例えばP／T境界では、大規模な火山噴火や温暖化、海水準の低下、海洋無酸素現象、天体衝突など、いろいろな理由が提唱されています。しかし本当の原因はまだよく分かっていません。とにかく何らかの環境変動の結果として、絶滅が起こったことしか明らかではないのです。

酸素濃度の低下や、海洋無酸素現象については、ある種の証拠があります。しかし、それがなぜ起こるのかとなると、様々な理由が考えられ、結局よくわからないというのが現状です。

海洋無酸素現象

ここで、海洋無酸素現象について、少し詳しく紹介しておきましょう。

この地質学的現象は、スーパーアノキシアと呼ばれます。こういう現象が起こると、当然のことですが、海の生物は生きていられません。これはどのようにして起こったのか？

例えば、海洋大循環の停止という考え方が提案されています。現在の海では、グリーンランド沖で、冷たい水が沈み込み、深海を流れて再び浮上する、という海洋大循環が起こっています。それが、このころ止まったのではないかといわれているのです。

海洋大循環が止まると、表面で酸素を含んだ水が深海底にもたらされません。つまり、海洋は貧酸素環境になります。そこで、海洋無酸素現象が起こったのではないか、というわけです。

他の理由も考えられます。例えば、表層での生物生産が増大すると、その分解のために酸素が大量に使われます。それにより、海洋が貧酸素環境になる。あるいは温暖化により、海洋の酸素の溶解度が低下しても起こります。

今まで提案されている中では、海洋無酸素現象が、最も説得力のある考え方かもしれません。この場合、硫化水素が発生し、流出する可能性があります。そのような証拠が見つかれば、可能性が高くなります。

原因が解明されているのは、白亜紀／古第三紀（K／Pg境界）での絶滅です。白亜紀がドイツ語でKreide、古第三紀が英語でPaleogeneなので、その略した文字をとってK／Pg境界と呼ばれています。この絶滅は、6550万年前に起きました。

原因は、直径10㎞を越える小惑星の衝突であることが分かっています。ユカタン半島の地下には、その時の衝突の跡である直径200㎞近いクレーターが残されています。このクラスの天体衝突になると、地球にすさまじい環境破壊がもたらされます。

当時、ユカタン半島は浅い海の下にありました。したがって、衝突に伴い、波高が300mにも達する史上最大の津波が発生しました。衝突クレーターから発した衝撃波は途中で地震波に変わり、史上最大規模（衝突のエネルギーの100～1万分の1くらいが地震波のエネルギーになる）の地震が各地を襲いました。

そして、宇宙まで吹き飛ばされた衝突破片が地球大気に降り注ぎ、地表が熱波で覆われました。あるいは大気の主成分である窒素が一部の酸素と結合して一酸化窒素に変わり、オゾン層が破壊されました。

また衝突蒸気雲のなかで発生する硫黄酸化物により濃い酸性雨が発生し、海や湖は酸性に変わります。大気中に巻き上げられた塵で太陽光が遮断され、地表の気温は低下しました。衝突により様々な環境変動が引き起こされ、恐竜をはじめとする当時の生態系が破壊されたのです。

現在進行形の生物絶滅

6550万年前の天体衝突時とよく似た環境破壊が、いま地球で起こっています。われわれの経済活動が引き起こす、いわゆる地球環境問題です。

これは、われわれが今、地球システムのなかに新たに、人間圏とでもいうべき新しい構成要素を作って生きているために起こった環境変動です。それが宇宙からの観点で考えれば、「文明」の定義になる、という話は前に紹介しました。この結果、すさまじい勢いで、生物の絶滅が進んでいます。

後世に、この星に知的生命体が訪れ、地質調査を行ったら、彼らは、現代、あるいは以降に堆積した地層と、それ以前に堆積した地層との比較から、我々が今K／Pg境界で発見しているのと同様の生物の絶滅現象を発見し、現代に起こった環境変動との関連を理解するでしょう。K／Pg境界の時との違いは、現代の地層に見られるレアメタル等の元素の異常濃集です。もちろん、都市や農地などの痕跡が地層に残されますから、文明の存在も理解し、その因果関係についても解明するでしょう。

現代とはこのような意味でも、地球史における画期なのです。これは、単なる生物絶滅以上の意味があります。海や、大陸の誕生、あるいは生物圏の誕生といった、地球史における特別な大事件に相当するからです。

第6章　分子レベルで見る進化

分子進化学の誕生

生命の起源と進化の研究にとって、最近の大きな進展は、分子進化学という分野が誕生したことでしょう。生物の進化の研究とは、究極的には、生物の系統樹を作ることといえます。

従来は、古生物学的な方法で生物の系統樹を作っていました。ところが、分子生物学が誕生し、遺伝子レベルで、各種の生物の違いやその変化が追えるようになったのです。このような研究を分子進化学といいます。

分子生物学は、アメリカのジェームズ・ワトソンとフランシス・クリックによるDNAの構造の解明に始まるといっていいでしょう。そして分子進化学は、アメリカのエミール・ズッカーカンドルとライナス・ポーリングの分子時計(後に詳述)の発見に始まります。

分子時計の基礎は簡単です。

タンパク質は時間の経過に伴い、一定の割合で突然変異を起こし、その変異は蓄積します。そのような変異と種が分岐する時間が直線関係になることが発見され、分子時計という概念が提唱されました。

その結果、分子進化学という分野が誕生します。その後クローニング技術とか塩基配列決定法が進歩し、今では爆発的といえるくらいの速さで、進歩しています。現代の生物進化論は、ほとんどが分子進化学に基づいているといっても過言ではありません。

分子進化学による系統樹推定法は、いろいろ改良されています。ＲＮＡの各種の遺伝子を分子時計として使うというアイデアを最初に実行したのは、カール・ウーズという人です。分子進化学的な知識に基づいて、古細菌という、それまでは知られていなかった生物界の大分類の１つを発見しました。生物界の３つのグループである真正細菌、古細菌、真核生物のうちの１つを新たに見つけたのです。

今では、人類の起源の研究も、この発想に基づいて行われています。ホモ・サピエンスが20万年前に誕生したとか、ホモ・サピエンスの全ての女性の元（イヴといわれます）はアフリカにいたとか、ホモ・サピエンスとホモ・ネアンデルターレンシス（ネアンデルタール人）は交配していたなどの話は、みんな分子進化学に基づいています。

分子進化の中立説

分子進化の仕組みについても、解明されています。これには、日本の木村資生《もとお》という遺伝学者の貢献が大きいことが知られています。

彼は「分子進化の中立説」を、１９６８年に唱えました。これは、ダーウィンが唱えた自然淘汰説とはまったく違う考え方で、分子進化学的に、すなわち分子レベルでの進化がどう起こるか、という観点から進化を考察しています。

ダーウィンの主張は、適応という現象は、有利な変異が自然淘汰によって広まった結果起こる、というものです。

これに対して、分子進化の中立説は、分子レベルの変化では、淘汰に有利でも不利でもない、中立な変異が偶然広まった結果起こる、と主張します。分子進化の中立説では、まず初めに、生殖細胞に起きた突然変異が、進化の素材となります。その突然変異は個々の個体に現れます。それが種全体に広まり、遺伝的性質が種全体に広まると、進化が起こったことになる。適応や淘汰が想定するような、有利、不利は関係なく、偶然起こるとするので進化の中立性といわれるのです。

この考えとダーウィンの自然淘汰説は辻褄が合いませんが、どちらも正しいという中途半端な状態が続いているのが現状です。

分子時計

一定の時間がたつと、一定の割合で突然変異が起こります。その割合を推定できるようになり、分子時計という概念が生まれました。ＤＮＡは、進化の情報を蓄積した分子化石であると考えるものです。２つの系統のＤＮＡに共通の祖先があったら、それが分かれた時期が推定できるのではないか、と考えたのです。

前記のズッカーカンドルとポーリングは、アミノ酸の置換数と化石から知られる分岐年代をグラフにすると、直線関係になることを示しました。これが分子時計と呼ばれる概念につながったのです。

分子進化速度が一定ならば、図は直線になります。すなわち、分子進化速度は一定であることを示しているということになります。この点が非常に重要なところです。

分子時計として使えるかどうかは、この直線性に関係します。脊椎動物の綱レベルでは、概ね成立するということが確かめられていますから、直線性を分子時計として使ってもいい、ということになります。

系統樹で考えれば、全ての始まりに、始原的生物が1ついたとなります。その実体は、まったく分かっていません。しかしその後の進化を見ると、1つしか考えられない。それをコモノートと呼んでいます。

コモノートから進化して、真正細菌、古細菌、真核生物のグループが生まれてきたと考えられるのです。真正細菌、古細菌、あるいは真核生物、あるいはそれぞれのドメインのなかの種がどのように分かれてきたか、どちらが古くてどちらが新しいか、などを決めることができるわけです。

分子進化学の発展

分子進化学は、当初よりずっと進んでいます。例えば、分子の機能として重要なものは、変化が少ないはずです。そうでなければ、その種は長く存続できないからです。逆に言えば、どうでもいいものほど突然変異が起こりやすいことになるのです。

ならば、先ほど紹介した進化速度も機能によって違っていいはずです。

塩基配列を変えてもアミノ酸が変化を起こさないような置換は、どうでもいいような置換ですから、いつ起こってもいいわけです。こういう置換を同義置換といいます。これは進化速度が速い。

逆に非同義置換（重要なものの置換）は遅い。これは当然のことです。非常に重要な情報がそんなにコロコロ変わったら、生物は生きていけないからです。

同義置換と非同義置換のような機能による違いは、ウイルスでも見られます。そして、ウイルスの特徴は、非同義置換の進化が非常に速いということです。普通の生物の非同義置換は、数百万年くらいの時間をかけて起こりますが、ウイルスの場合には、年くらいの単位で起こるのです。

最近は、ウイルスの研究が進み、進化論的なことに関しても、いろいろ新しいことが分かりつつあります。

分子系統樹

遺伝子に記録された進化の歴史の解明は、遺伝子のアミノ酸、あるいはDNAの配列に基づく分析によりますが、そこから推定される系統樹を、分子系統樹と呼んでいます。系統樹には、化石から決める系統樹と分子系統樹の2種類があるのです。今日では、分子系統樹の方が重要視されていますが、情報量の多さからも妥当と考えられます。

分子系統樹は、作成に最も適した遺伝子を見つけることが必要になります。それがリボソームという細胞内小器官の遺伝子です。16S rRNAという名称がついています。

リボソームは生物の細胞の中で、タンパク質を合成している細胞内小器官です。遺伝子の核酸塩基の配列がどの生物でもよく似ているので、これを使うのが一般的な方法です。分子進化の系統樹は、リボソームに基づくものが標準的といえます。

この方法は、カール・ウーズというアメリカの微生物学者が、1977年に初めて行ったものです。それが今でも、一般的に使われています。

系統樹は、生命の起源から、1本の連続した線で表されます。この線を系統樹の根といいます。これが分かれて2本の枝になるのが、真正細菌と古細菌です。更に古細菌から真核生物に分かれます。古細菌というのは好熱菌や嫌気性のメタンを生成するメタン細菌などです。極限環境に住む生物が多いことが特徴です。

分子系統樹における真正細菌、古細菌、真核生物の3つの生物グループをドメイン（超界）と呼びます。従来は、動物界とか植物界とか「界」という分類項目が最も大きな分類でした。ドメインは、それより大きな分類項目です。

もともとの1本の線の、その根元が最初の生命です。それをコモノートと呼ぶことは、既に紹介しました。これが全生物の共通の祖先ではないか、と見られるのです。

これが見つかれば、分子進化学的な意味で、生命の起源が分かったことになります。研究者はコモノートを一生懸命探しています。それが分子進化学としての、生命の起源の研究と言っていいでしょう。

コモノート

いま最もコモノートに近いと見られている生物種は、超好熱菌です。古細菌というドメインを見つけたウーズらが、主張しています。一方で、ペースという人は、サーモトーガというバクテリアの系統樹中の位置を調べ、これが最も古い菌でコモノートに近い生命ではないかと主張しています。このような議論が、分子進化学的な意味での生命の起源論です。

これに対して、今考えられているコモノートを生命の起源と考える理由はない、と主張する人もいました。ミラーとか、スカーノという人達です。1995年頃のことです。

生体化合物は一般に、熱いところでは不安定なので、好熱菌が生命の起源であるはずがない、というのです。39億年ぐらい前までは、非常に頻繁に天体衝突があり、そのたびに地球は、全体がマグマオーシャンにおおわれるような状態になっていました。

天体衝突により海洋環境が高温になるとすると、低温環境のもとに生まれたものの中で、高温でも生き延びる生物が生き残ったのではないか、というのが彼らの考え方です。コモノートに近いところに位置する今の生物は、超好熱菌のように見えるだけで、生命の起源とは直接関係ない、というわけです。

実際はコモノートの前にも何本か線があって、たまたま1種が生き残ったから、その後の地球生命の元になっているのだという主張もあります。したがって、コモノートは1種なのか、あるいは本当にいたのかなど、分からない点が多いのが現状といえるでしょう。

分子進化学的な生命の起源論が難しいのは、こうした問題が次々と出てくることです。

そもそも系統樹という概念において最も重要な仮定は、遺伝子が親から子へという形で、垂直に伝播するということです。ところが、先に触れたように、遺伝子が種の間で、水平に移動するようなことが起きれば、系統樹で表わせません。

これはウィルスでは非常に多く見られます。実際に好熱菌のなかで、遺伝子の水平伝播が頻繁に起こっていることが、最近分かってきました。となると、系統樹は作れないことになります。近くに位置する好熱細菌がコモノートだ、という発想が成り立ちません。

また、細胞膜をつくる分子は、真正細菌と古細菌とでは異なります。真正細菌はエステル脂質、古細菌はエーテル脂質と、使っている脂質が違うのです。最初の生物が1個なのに、なぜ分子が違っているのか、という話になります。

そもそも、コモノートがちゃんとした生物ではない可能性もあります。全生物が3つに分かれる前は、遺伝子の仕組みのはっきりしない、あるいは構造も持たない状態があったかもしれないからです。

最初の生命もどきに関しても、いろいろな考え方があります。アミノ酸を高温で熱すると、容易に重合して、プロティノイドという球状構造ができます。このプロティノイドの中に様々な分子が入りこむと、〝がらくたワールド〟と呼ばれる状態になります。

その中には、触媒作用を持つような分子もありますから、勝手にそれが再生され、いつしか整理された格好の生物になるのではないか、というような考え方もあります。最初の生命という概念すら、具体的な考え方として、まだ一致していないのです。

第7章　極限環境の生物

極限環境とは

地球には、われわれが暮らすのとは全く異なるような環境にも、生命が存在しています。そのような、地表とは異なる環境のことを極限環境といいます。といっても、極限環境が厳密に定義されているわけではありません。われわれになじみの深い生命が住めないような環境という程度の意味だと思えばいいでしょう。

したがって、ここで地表という場合、大陸の表面付近、大気なら対流圏くらいまで、海でいえば太陽の光が届くくらいの浅さ（深さ200mくらいまで）の海を想定しています。大西洋中央海嶺のマグマが噴出する付近とか、メタンハイドレートが存在するような海底は、極限環境と考えられます。

もう少し数量的に極限環境を定義すれば、温度、圧力、大気組成、pH（水素イオン濃度）、乾燥度、放射線環境などが、地表とは全く異なる値を持つ環境といえるでしょう。大気でいえば、対流圏より上の層、南極の氷の下、数千mの深さの海底、地下深部、熱水噴出孔、あるいは水分のほとんどない環境、酸性度やアルカリ度が強い環境、放射線の降り注ぐ地点などが極限環境です。

地表のありふれた環境下には、われわれが通常知っているような生命、例えば多細胞の真核生物のような生命が満ち溢れています。では、それとは全く異なるような環境ではどうなのか、についてこの章で紹介したいと思います。

地球の極限環境にどんな生命がいるのかを調べることは、実は、太陽系における生命の探索に極めて役に立ちます。地球以外の太陽系の惑星や、衛星、小惑星、彗星、あるいは太陽系以外の系外惑星に、地球の表層環境と似た環境をもつ天体は少ないからです。

加えて、極限環境に住む生命は、ほとんどが細菌です。古細菌とか真正細菌などのドメインに属する生物です。進化系統樹的には、コモノート（最初の生命体）に近いところに位置するものが多いので、最初に生まれた生命とは何か、を問う意味でも重要なのです。そこで、地球の極限環境に生命はいるのか、を研究する分野があるのです。アストロバイオロジーという学問では、重要な研究分野のひとつです。

実際に海底の熱水噴出孔や、１㎞以深からマントル上部に達するような地下、あるいは南極の氷床の下の湖、対流圏より上の大気中などの極限環境で、調査が行われているのです。

熱水噴出孔

極限環境として最初に注目されたのは、熱水噴出孔です。数千ｍの深海の、熱水がわき出ているところです。このくらいの深さだと圧力が高いので、熱水の温度は１００℃をはるかに超え350℃近くになります。最初に熱水噴出孔が見つかったのは、海洋底に連なる、中央海嶺と呼ばれるプレートの裂け目部分でした。

中央海嶺というのは、マントルからマグマが噴出し、海洋底の地殻が作られている場所です。マントル対流の上昇部に位置し、熱いマグマが噴出するので少し隆起していて、山脈のような地形になって、地球を一周するように海底に連なっています。そこで海洋地殻が作られ、水平に広がっていきます。海底が水平に拡大するという概念は、プレートテクトニクス理論の最も基本的なものです。

マントルは固体ですが、マントル物質が上昇してくると融解します。それは、圧力が低下すると物質の融点が下がるためです。マントル物質が深部から上昇してくるにつれ、マントル物質にかかる圧力は低下します。上昇速度が速ければ、物質の温度は急激には下がりませんから、融点の低下でマントル物質は溶融し、マグマが作られます。裂け目があれば、マグマはそこから地表に流れ出てきます。海洋底ですから、その付近の地下には当然、海水がしみこんでいます。そこで、熱水も噴出してくるのです。

溶けたマントル物質が噴出し冷えると、玄武岩になります。熱い玄武岩と、しみ込んでいる海水が反応（熱水反応といいます）して、様々なイオンがつくられます。硫化物イオンとか、金属イオンです。海水中にはマグネシウムイオン（Mg^{2+}）が含まれていますが、それがマンガンや鉄、銅など同じ二価の重金属イオンと入れ替わることにより、様々なイオンを含んだ海水が噴出してくるのです。メタンのような還元的なガスも噴出しています。

実はこれらのイオンはすべて、触媒として使えるような金属です。また熱水噴出孔の環境は還元的なので、有機物を作るのに適しています。還元型の化合物と、酸化型の化合物が一緒に存在すると、酸化還元反応が起こります。酸化還元反応がエネルギーの生産に関係していることは、前に触れました。

生命はいろいろな化学反応を起こして、その構造を維持しています。その化学反応のためのエネルギー源があるという意味では、熱水噴出孔に、広い意味での生命が存在しても不思議はないのです。

われわれは地上にいますから、太陽のエネルギーを十分利用でき、それを活用する食物連鎖が利用できます。しかし、そうではない環境でも、そこに適したいろいろな反応経路（代謝といいます）を活かすことができるのです。

熱水噴出孔周辺の生命

したがって、深海の熱水噴出孔付近にも、地上と異なる別種の生態系が存在しても不思議ではありません。熱水噴出孔は極限環境の1つとして、これまでに一番よく調べられています。

生命の生存に必要な、代謝を維持するエネルギーは、太陽光に限りません。地球の内部にもエネルギーはいっぱいあります。地球の創世時に、内部に蓄えられた熱エネルギーや、地球の歴史を通じて放射性元素の崩壊により発生してきた原子力エネルギーです。

さらに、酸化型、あるいは還元型の化合物が共存するので、理論的には地下深く、例えば地下数km以深のところに、地下の生物圏があっても不思議ではありません。

残念ながら、それはまだほとんど調べられていません。地下深くに穴をあけ、そこにいる生命を調べるのは技術的に大変なことなのです。当たり前のように太陽系探査が行われる時代ですが、地球の中を直接調べられるのは、まだせいぜい10kmくらいの深さまでです。

最近は、エウロパという木星の衛星にも、海があると考えられています。エウロパに海がある理由を考えると、エウロパの海の下には地球と同じく熱水噴出孔があってもおかしくないからです。そこで、熱水噴出孔周辺での生物調査は、将来のエウロパの生命探査にも関係すると考えられるのです。

その調査は、地下深部の生物圏を考えるうえでも役に立ちます。地下には、地表にも勝るような、生物圏が隠されているかもしれません。そこにどんな生態系があるのかは、火星にいるかもしれない生命を考える上で役に立ちます。

現在の火星の地表条件は、地球の地表付近の生命を基準に考えると、その存在に適していいません。しかし地下は、地球と全く変わらない環境と考えられますから、地球に地下生物圏があれば、火星にも似たものがあってもおかしくないのです。

熱水噴出孔付近に生命が存在することが分かったのは、それほど昔のことではありません。アポロ計画により人類が月を探査した1969年より、10年くらいあとのことです。1979年4月、米国の潜水船「アルビン号」は、ガラパゴス諸島沖の海底で、先端から黒い煙を吐き出す岩の柱を発見しました。それはその後、ブラックスモーカーと呼ばれるようになる熱水の噴出孔です。その熱水の温度を測定すると350℃にも達しました。しかもその周囲には、チューブワームと呼ばれる特殊な生物が群生していたのです。

調査が進むとともに、その付近に棲む生命が続々と発見されるようになりました。チューブワームはゴカイに似た生物ですが、シロウリガイ、深海ムール貝、シンカイヒバリガイ、眼の無い白いカニ、シンカイコシオリエビなどです。今まで知られていなかった生物という意味では、チューブワームが代表的です。そこでチューブワームについて少し紹介しておきましょう。

チューブワーム

チューブワームは、その形態から付けられた名称です。白いチューブに赤い舌のようなものがついています。それが熱水噴出孔の周辺に群生しているのです。大きいものでは2mに達します。

チューブワームには口がありません。舌のように見えるのはエラに相当する器官です。白い部分はタンパク質とキチン（節足動物や軟体動物の外殻物質）でできていて、カニやエビの甲羅に似たものです。

チューブの中には軟体部があり、その先端が赤いビロードのようなエラです。この部分が数cmあり、その下方に筋肉質の部分がやはり数cmあり、そのさらに下方に本体の軟体部が続きます。

この筋肉質の部分が、軟体部をチューブに固定していて、エラと軟体部をつないでいます。その連結部が羽織のように覆われているので、和名ではハオリムシと呼ばれます。正式には、〝羽織〟（ベスティメンティ）を〝持つ〟（フェラ）という意味のラテン語で、ベスティメンティフェラといわれます。

チューブワームには口も消化管も肛門もありません。エラの赤い部分は、人間の血が赤いのと同じで、ヘモグロビンの色です。アミノ酸やリボソーム遺伝子の配列から、ゴカイと近縁であることが確かめられています。

それでは、どんなものを食べているのでしょうか。実は、チューブワームは食物を食べません。熱水中の硫化水素を体内に取り込み、エネルギー源にしています。

チューブワームの一種、サツマハオリムシ

その構造を見てみましょう。エラと筋肉の下に続く軟体部は、血管系から構成されています。エラでガス交換を行い、新鮮なガスを体内に送り込んでいます。このガスが、熱水に大量に含まれている硫化水素です。

硫化水素はわれわれには有毒です。ヘモグロビンと酸素の結合を阻害するからです。チューブワームにもヘモグロビンがありますが、われわれのものとは異なり、酸素は酸素、硫化水素は硫化水素で別々に結合でき、同時に運搬できるのです。

チューブワームの生息環境は、還元的環境と酸化的環境の境界で、酸素も硫化水素も両方必要なため、このような仕組みを持つのです。

軟体部では、取り込まれた酸素と硫化水素

が、毛細血管を通じて周囲の細胞に供給されています。その細胞の中にバクテリアが生きています。細胞内共生といいますが、これが硫化水素を酸化してエネルギーを得る、硫黄酸化バクテリアなのです。

硫黄酸化バクテリアは、硫化水素の酸化エネルギーを用いて、有機物(栄養分)を自分で作ります。これを化学合成といいます。その栄養分が、チューブワームにも供給されるので、食物を食べる必要がないのです。

熱水噴出孔の周辺に生息するシロウリガイでも、このような共生バクテリアの存在が確認されています。

化学合成バクテリア

硫黄酸化バクテリアがどのように有機物を合成するか見てみましょう。極限環境では光合成ではなく、化学合成で有機物を作るのが一般的です。

まず、硫化水素を酸化して化学エネルギーを取り出します。前にも紹介したように、酸化とは、燃焼をゆっくり起こすようなものです。このエネルギーを、ATPやNADPH+という分子に変えて貯蔵します。この場合、電子供与体としては、硫化水素だけでなく硫黄やチオ硫酸なども利用されます。

次に、この貯蔵されたエネルギーを使って、二酸化炭素（無機物）から有機物が合成されます。この合成の経路は、植物の光合成におけるカルビン回路と同じです。カルビン回路は、二酸化炭素を還元し、糖質を合成する3つの過程から成ります。

二酸化炭素の取り込みは炭酸固定といわれる反応ですが、この反応には、生体触媒である酵素が必要です。それはルビスコといわれる酵素です。

この酵素は、植物（光合成）でもバクテリア（化学合成）でも、ほとんど同じです。なお、ルビスコは地球上で最も多量に存在するタンパク質といわれます。

植物の光合成は「光」エネルギーを使って無機物から有機物を合成します。しかし、硫黄酸化バクテリアは、化学エネルギーを使って無機物から有機物を合成するので、化学合成といわれるのです。化学合成と光合成は、第1段階のエネルギー獲得反応系は異なりますが、第2段階の無機物から有機物を合成する経路は同じです。

化学合成を行う生物は、いまのところバクテリアしか知られていません。しかし、化学合成バクテリアとしては、硫黄酸化バクテリア以外にも、何種類か存在します。第1段階のエネルギー獲得方法の違いにより、アンモニア（硝化）酸化バクテリア、水素酸化バクテリアなどがあります。ただし、熱水噴出孔では、硫黄酸化バクテリアが主要な化学合成バクテリアです。

最近の熱水噴出孔での調査によると、硫黄酸化バクテリア以外にも、水素酸化バクテリア、メタン酸化バクテリアなど、多様な化学合成バクテリアが発見されています。前章で紹介したコモノートに近い生物は、ほとんどが超好熱性のバクテリアです。それに類似しているのが、熱水噴出孔付近に生息するバクテリアといえるでしょう。この意味で、熱水噴出孔が生命の起源に深く関わると考える研究者も多いのです。

熱水噴出孔は煙突状の構造をしているのが普通です。それをチムニーといいます。高温の熱水に含まれる硫化物が海水と接触し、冷やされて沈殿し、噴出孔の周りに堆積し、造られたものです。この硫化物には、いろいろな金属が含まれています。そこで金属鉱床としての価値が高く、資源として注目されています。

熱水噴出孔から出てくる熱水には、いろいろな化学成分が含まれています。噴出して海水と反応すると、不溶性の微粒子を作るので、黒っぽく見えます。そこでこのようなチムニーは、ブラックスモーカーと言われます。

地上なら、熱水噴出孔の温度では水蒸気ですが、熱水の温度は350℃近くと推定されています。海底は圧力が高いので、沸点も高くなります。実際には、沸点というより、液体とも気体ともいえない超臨界状態なので、臨界点といいます。水の臨界点は、218気圧、374℃です。

水深約1400mにそそり立つチムニー

地下生物圏について

海底下や陸上の地下深部にも生物がいるかもしれないことは、これで推測できるでしょう。地下には水もあるし、堆積という地質過程を考えると、かつてはそこが地表だった時代もあるわけですから。

嫌気呼吸による生物生産の可能性を考えると、地下生物圏のバイオマス（生物の総重量を炭素重量で表したもの）は、地球の全微生物バイオマスの90％に達するという試算もあります。

例えば、岐阜県土岐市の地下で、最深840mから採取した地下水中の微生物を検出・培養した例によると、この地下水1ミリリットル当たり、1000万～1億個の微生物が確認されたといわれます。これは、海洋や湖沼の微生物密度と同程度です。

地下世界の特徴は、光も酸素もないということです。生物が棲める空間は、岩石の空隙、あるいは亀裂に広がる隙間です。したがって、そこに棲めるのは微生物です。

微生物といっても実は多様です。それは進化系統樹的な多様性とは異なります。逆にそれが微生物の特徴でもあります。それは、代謝と呼吸の多様性といえます。

代謝とは、生物が行う化学反応の総和ですが、分かりやすく言えば、生命活動といってもいいでしょう。食べて、エネルギーを得て、身体を作り、不要になったものを排泄する、ということです。

呼吸とは、有機物をゆっくり燃焼することです。そのエネルギーを代謝という生命活動に用いています。呼吸以外に発酵という方法もあります。これは、無酸素下で有機物を分解する方法ですが、その本質は腐敗と同じです。発酵・腐敗と呼吸との違いは、水素イオンとの電子のやり取り（電子伝達系という）でエネルギーを生み出すか否か、にあります。

呼吸とは一般に、酸化剤として酸素を使う場合を意味します。厳密には好気呼吸といいます。しかし、酸素以外の酸化剤を使っても、酸化は行えます。これは嫌気呼吸と呼ばれます。呼吸という働きが、光合成を通じた太陽依存ではなく、地球由来の多様な酸化剤を使って行われるのが、地下生物圏の特徴です。

地下に、酸化するもの（酸化剤）が豊富に存在するとして、では酸化されるもの（還元剤、生物の場合は栄養物）が十分あるのかが問題です。生物の栄養源とは有機物に他なりません。実は地下にも有機物はいっぱいあります。かつて地上で作られた生物の遺骸が地下に埋没しているからです。石油や天然ガスなどを考えてみればいいでしょう。

一方で、地下にも、地上の植物のように、自分で栄養物を作りだす微生物がいます。以下で栄養物をどうしているかという視点で、地下生物圏を少し考えてみます。

独立栄養か従属栄養か

有機物を自分で作り出すものを「独立栄養生物」といい、他の生物が作った有機物を食べるものを「従属栄養生物」といいます。地表付近に棲む生物でいえば、前者が光合成をする植物、後者がわれわれ人間や動物、菌類、そして地表付近に棲む微生物の多くです。地下にも両者が存在しますが、ここでは独立栄養生物について考えることにします。

地下と地表の独立栄養生物を区別するために、二酸化炭素（無機物）から有機物を生産する過程で太陽光を利用するものを「光合成無機独立栄養」、水素や硫化物のように〝燃える無機物（還元型無機物）〟を酸化してエネルギーを獲得するものを「化学合成無機独立栄養」と呼ぶことにします。

化学合成無機独立栄養はさらに、好気的か嫌気的かで2つに分けられます。例えば、どちらも還元剤として硫化水素あるいは水素を使うとして、酸化剤として酸素を使うのが好気的、硝酸あるいは二酸化炭素を使うのが嫌気的です。

その生成物は、好気的の場合、硫化水素からは硫酸イオンと水、水素からは水、嫌気的の場合は、加えて窒素、あるいはメタンが作られます。

化学合成無機独立栄養微生物とその嫌気呼吸の連鎖は、マントル中の高温岩体と水との接触により水が水素と酸素に分解されれば、二酸化炭素呼吸を通じて水素からメタン、硫酸呼吸を通じてメタンから硫化水素、硝酸呼吸を通じて硫化水素から窒素と反応が連鎖して続き、地表付近に達すると推測されます。

極限環境下におけるエネルギー問題

前にも少し紹介しましたが、酸素がない場合には、呼吸は嫌気呼吸だけでなく発酵によっても代替できます。糖という栄養を分解する形のエネルギー獲得法です。栄養を分解するときに、エネルギーが取りだせるわけです。このように生物は、様々なエネルギー代謝を利用します。

第4章の生命とは何かという説明で、エネルギーと代謝について紹介しました。エネルギーとは、仕事をする能力のことです。代謝は、生命が自分の構造や機能を維持する化学反応の総和です。

化学反応を進めるためには必ずエネルギーを必要とします。エネルギーは無から生み出すことはできません。ある形からある形への変換しかできません。生物も、エネルギーの変換を通じて、反応を進めなければなりません。

先述のように、反応には、同化反応と異化反応があります。単純な分子から複雑な分子が作られるのが同化反応、複雑な分子から単純な分子へ分解されるのが異化反応です。

単純な分子から複雑な分子を作るためには、エネルギーの入力が必要です。逆に、複雑な分子を単純な分子に分解すると、エネルギーを取り出せます。同化反応はエネルギーを消費する反応で、異化反応はエネルギーを供給する反応なのです。

生物の体の中で起こっているいろいろな反応には、同化反応と異化反応のそれぞれが、必ずカップルする形で入っています。エネルギーを供給する反応と、それによって反応を進めて栄養物を作るような反応は、一緒に起こらなければならないわけです。そのような同時に起こる反応を共役反応といいます。前に述べた通り、エネルギーを生み出す方法は、いろいろあります。

発酵がそのひとつです。それから呼吸です。呼吸といっても、酸素という分子を使わなくても構いません。酸化還元反応の途中段階でもよく、すなわち酸化状態が完全に進まない段階であってもいいのです。

光合成ではなく化学合成というエネルギー獲得法についても説明しました。光合成については、普通は酸素の発生をイメージしますが、酸素を発生しないような光合成もあります。

極限環境では、基本的に化学合成によってエネルギーを獲得しています。熱水噴出孔には、還元型の化合物と酸化型の化合物が豊富に存在することを述べました。還元型の化合物は電子を与える方で、酸化型は電子を受け取る方にあたります。

電子のやりとりを通じてエネルギーが供給されたり、消費されたりすることも前に紹介しました。極限環境に棲む生物の特徴は、こういう無機的な電子供与体、電子受容体を使ったエネルギー獲得法を持っていることです。

ですから、地球以外の天体で、還元的な状態と酸化的な状態とが非常に接近して存在するような場所があれば、エネルギーが獲得できる可能性があることになります。そういう場所では、生命が誕生しても不思議はないのです。

地球のエネルギーか太陽のエネルギーか

いろいろなタイプのエネルギー獲得系があることを紹介しましたが、違いは、エネルギーをどこまで小出しにして取り出せるか、です。すなわち反応をどの段階でやめるかが、それぞれにより違うのです。

もっとエネルギーを取り出せるのに途中でやめるのが、発酵を通じたエネルギー獲得系です。最後まで進めて、全てエネルギーを取りだすのが呼吸です。発酵はATPの単位では、エネルギー通貨として2～3という単位までです。呼吸だと32です。したがって、呼吸は16倍多くエネルギーを取り出せることになります。

極限環境の生物は、化学合成というエネルギー獲得の方法を使います。この方法では無機的なものしか使いません。くり返しますが、酸化還元状態の違う環境があれば、必ずエネルギーを取り出せるので、無機化合物でもいいわけです。

化学合成で用いる還元型の化合物は、ほとんどが地下で合成されるものです。この意味で、地球に依存して生きる生物は、化学合成無機独立栄養生物だといえるでしょう。それが地球の極限環境に棲む生物としてはバイオマス的には多く、太陽系の他の天体の地下にも存在する可能性も高いかもしれません。それは岩石生物といってもいいようなものです。それこそ、地球という惑星に閉じて生きられるという意味では、太陽に依存しない地球生物かもしれません。

一方、光合成生物、あるいはわれわれ人間はすべて、太陽のエネルギーに依存して生きています。地球に生存する太陽に依存した生物ということです。エネルギー獲得の面では、地球には2種類の生物がいるといってもいいでしょう。

化学合成生物という生命を考えれば、深海熱水噴出孔付近の生態系だけではなく、地下深部にもっと広範に、これに類した生物圏があってもよいことになります。

地球にこのような地下深部生物圏があるかどうかはまだ分かりませんが、もしあれば、地球圏外の生命を考えるときに、極めて大きな意味を持ちます。火星に現在でも生物が存在するとすれば、まさにこれに相当するかもしれません。

極限環境の生物を調べることはこのように、他の惑星、あるいは衛星の上で、どんな生命がいるのか、という問題にも深く関わっているのです。

熱水噴出孔と生命の起源

熱水噴出孔周辺の状態は、地球誕生時の原始の海の底に、極めて近いと考えられます。地球は微惑星と呼ばれる小さな天体が集積して作られました。その際、集積の熱で地表は高温になり、マグマが地表を覆うような状態になります。

全ての揮発性物質はガスとして地表を覆い、それが原始大気を構成します。その主成分は水蒸気ですが、地表が冷え始めると凝縮して雨になって地表に降り、原始の海となりました。

海底下にはまだマグマが存在し、まさに現在見られるような熱水噴出孔が全ての海底を覆っているような状態でした。現在は線的に分布する中央海嶺が、海底に面的に広がっていたと考えてよいでしょう。

ここで紹介したような、熱水噴出孔の周りに見られる化学合成バクテリアや、地下の生物圏に想定されるような化学合成無機独立栄養の微生物の誕生に適した環境が、まさに原始地球の海なのです。

その頃は激しい天体衝突がまだ時々起こりました。その際形成される衝突蒸気雲中では、生命の材料物質の形成に必要な分子が多量に合成されます。それが雨と共に原始の海に流れ込んだから、原始の海は生命を生むようなスープだったとも言えるかもしれません。

ただし、アミノ酸のような1つの分子から大きなタンパク質が合成されるためには、脱水重合反応（水がとれてアミノ酸がたくさんつながる反応）が起こらなければなりません。水中で脱水反応が進むとは考えられません。そのため、そのような反応はある種の鉱物表面で起こったのではないかと考えられます。その具体的な過程として、パイライト仮説とでもいうべきアイデアが提案されています。

パイライトという鉱物は、熱水噴出孔で実際に生成されています。しかもパイライトの生成反応は発熱反応で、その化学エネルギーの生成は高温、低pHであるほど高くなります。それはまさに熱水噴出孔の環境です。

そして、パイライトの生成に伴い二酸化炭素の有機化（酸素がとれて還元的になる）も起こります。これこそ化学合成無機独立栄養といえるものです。パイライト仮説は、原始の海における有力な生命起源説の1つなのです。

本章の最初に、熱水噴出孔や地下以外の極限環境についても紹介しましたが、それらの環境における生命探査は、まだ十分に行われていないので、本書ではその紹介は割愛します。

第8章　ウイルスと生物進化

ウイルスの化学進化

ここでウイルスと生物進化についての話をまとめておきます。

といっても、生命の起源や進化を論じる人で、ウイルスと生命進化の関連を本格的に研究しているケースは、まだほとんどありません。アストロバイオロジー等の学会でウイルスについての議論を聞くことも、これまでほとんどなかったと思います。

生命が作られる最初の過程は、生命の材料物質の合成と、様々な機能を有する構造をつくることです。こうした過程は、その後の「生物進化」とは異なり、「化学進化」と呼ばれます。生命誕生に至る前の段階の進化です。

その化学進化の過程を研究している人はほとんど、細胞説に基づく生物の材料物質や構造を、どうつくるかという観点で研究しています。

ここでいう材料物質とはタンパク質であり、遺伝に関わるDNAやRNAのことです。構造とは細胞であり、細胞内小器官等のことです。

私個人の意見としては、もっと重要なのは、ウイルスの材料物質やその容れ物である殻を、化学進化でどのようにつくるか、ではないかと思っています。ウイルスが生物と非生物の中間に位置づけられ、しかもその構造は細胞より単純だからです。

しかしそのような観点から研究している人をまだ見かけたことはありません。いずれ時間が許せば、私自身が取り組みたいと思っています。

この章では、なぜ、ウイルスの化学進化を重要だと思うのか、その背景を少し述べておきましょう。

ウイルスの発見

ウイルスの存在を最初に世の中に知らしめたのはフランスの生化学者ルイ・パスツールです。1880年ごろのことです。もっとも当時は、顕微鏡で見つからない微生物のことを単に、ウイルスと呼んだだけでした。ここでいう顕微鏡は光学顕微鏡のことです。

なお、最初に細菌が発見されたのは1860年のことです。そして、フランスのアカデミーにおけるパスツールの功績をたたえる講演のなかで、細菌やウイルスを含めて「微生物」と呼ぶという提案があり、以来、微生物という言葉が使われるようになりました。細菌とかウイルスはしたがって総称として、微生物と呼ばれています。

では、ウイルスが生物かというと、一般にはそう考えられていません。地球の生物という場合、細胞、すなわち脂質でできた2重膜で包まれた袋のようなものからできていて、自分で分裂し、自分の形を自分で維持し続けることができるものをいいます。ウイルスはこうした形態も持たず、分裂や維持する仕組みも持ちません。したがって厳密な意味では微生物に入りませんが、ウイルスも生物らしき特徴をいくつか有しているので、微生物に含められているのです。

ウイルスが実体として、最初に発見されたのは1898年のことです。

昔は、細菌濾過器という装置を使って、細菌とそうでないものを区別していました。細菌濾過器を通過するものを濾過性病原体、すなわちウイルスと呼んだのです。

日本語では病毒と訳されました。要するに病原菌です。以来、ウイルスの研究は、基本的に病原菌の研究として行われてきました。ウイルスのほとんどは病気と関連していたからです。

細菌濾過器を通過する、光学顕微鏡では見えない小さな細菌がウイルスということですが、そうしたものが多数見つかるようになって、ウイルスという名称が定着しました。細菌濾過器を通過するウイルスが実際に培養されて見つかったのは、1915年のことです。したがってまだ100年もたっていません。

私が昔、学校の生物の授業で聞いたことがあるのは、バクテリオファージという言葉です。バクテリオファージとウイルスは、ほぼ同じ意味です。このバクテリオファージが発見されたのが1917年のことです。

ほかに、ウイルスに関連して、私が学校の授業で聞いたことがあるのは、タバコモザイクウイルスです。電子顕微鏡が発明され、これが電子顕微鏡写真として撮られたのが1939年のことです。タバコモザイクウイルスが結晶化できるようになり、その構造が解析されるようになったのも、ほぼ同じ頃です。ウイルスの本体がDNAやRNAであることが分かったのが、1956年のことでした。

DNAは、核酸の代表ともいえる物質です。正式にはデオキシリボ核酸といいます。なお、核酸は、細胞のなかにある細胞核に存在する酸性物質という意味です。

DNAはいうまでもなく遺伝子で、生物が親から子へ、あるいは細胞から細胞へと伝える、生物の持つ様々な特徴を書き込んだ設計図のようなものの本体です。これがなければタンパク質を作れず、細胞が活動することもできません。ウイルスがDNAを持つということは、生物に限りなく近いことを意味します。

私が中学とか高校のころは、これらのことがようやく分かった直後のことでした。バクテリオファージとかタバコモザイクウイルス、あるいはT_2ファージなどの言葉を、生物の授業で聞いたのがそのころだと思うと、科学の進歩の速さを実感します。

ウイルスとは何か?

ウイルスの生物らしい特徴の1つはDNAないしRNAを持つことです。1953年に、DNAの2重らせん構造が、ワトソンとクリックにより解明されたことによって、ウイルスDN

A（RNA）の構造を検討することも可能になりました。ウイルスの構造とその増殖の仕方を考えると、生物との違いが明確になります。

ウイルスは、カプシドという外殻の中にDNA（RNA）が入った構造になっています。カプシドはほぼ正20面体で、タンパク質でできています。

T_2ファージというウイルスは、上の方にさやみたいなものがあって、さやの下から、足のようなものが出ている構造をしています。これは尾部の繊維です。尾部の繊維を細菌の細胞壁に突き刺し、そこから自分のDNA（RNA）を注入します。その後、細胞内の核とリボソームを使って自分のDNA（RNA）とタンパク質を製造させるのです。

ウイルス単体では何もできません。自分の持っているDNA（RNA）を相手の細胞の中に入れて、核の中でDNA（RNA）を複製させ、それを用いてリボソームで、タンパク質を作らせるのです。とりついた細胞の中の小器官で全部作らせるわけで、したがってウイルス自体は生物とはみなされないのです。

私はウイルスの研究者ではありませんから、このような解説を読んでいくつか疑問に思った点がありました。

まず、カプシドの構造がいかに形成されるのかに興味を持ちました。細胞説に基づけば、生命の起源に関しては、細胞がどのように形成されるかが、構造的にまず問題となります。具体的には、細胞壁がどのように形成されるかということです。その点、カプシドという構造がどのようにできるかについて、詳しい説明がないことに釈然としませんでした。

さらに興味深いのは、正20面体という構造です。正20面体は正多面体のなかで、対称性が最も高い構造です。

というわけで、カプシドは細胞より人工的にも、物理的にも作りやすい印象を持ちました。そう思って最近のウイルスに関する研究の発展を追うと、ウイルスと生物進化の関係が、まだ全くおぼろげではありますが、示唆されるのです。

ウイルスの分類

カプシドの議論をさらに進める前に、ウイルスの分類についてまとめておきましょう。

ウイルスの基本的な特徴は、カプシドというタンパク質から成る外殻のなかにDNAあるいはRNAが入っていることです。そのカプシドの内側と外側に、膜のあるエンベロープというものがあります。エンベロープは、ウイルスが持つタンパク質と、宿主細胞が持つ細胞膜や核膜の断片からできています。

これを持つか持たないかで、エンベロープウイルスとノンエンベロープウイルスに分けられます。もちろん、エンベロープウイルスのほうが大きく複雑です。

さらに、カプシドのなかに遺伝物質としてDNAを持つか、RNAを持つかに基づく分類があります。核酸の種類によって、DNAウイルスとRNAウイルスに分けられるのです。ウイルスの進化という観点からすると、RNAウイルスのほうが古いと考えられています。

さらに、核酸が1本鎖か2本鎖かで、1本鎖DNA（あるいはRNA）ウイルスと2本鎖DNA（あるいはRNA）ウイルスに分けられます。RNAウイルスのなかには、宿主細胞のなかで、自分のRNAからDNAを作り、これを宿主細胞のDNAに押し込むものもあります。このようなウイルスをレトロウイルスといいます。レトロウイルスについては、あとで詳しく説明します。

宿主となる生物の種類による分類もあります。

ここで、地球上の生物の分類について復習しておきましょう。全ての生物は、真正細菌、古細菌、真核生物に大別されます。この3つのグループを、ドメイン（超界）といいます。

真正細菌と古細菌は、細胞のなかに核がない、すなわち原核細胞から成る単細胞の生物です。真核生物は、核がある細胞、すなわち真核細胞から成り、単細胞の生物と多細胞の生物がいます。動物や植物は多細胞の真核生物です。

ウイルスは全ての生物を宿主とするので、それぞれ、真正細菌ウイルス、古細菌ウイルス、真核生物ウィルスに分けられます。動物なら動物ウイルス、植物なら植物ウイルスとなります。生物の場合、分類群の単位はドメインからさらに細かく、界、門、綱、目、科、属、種となります。例えばわれわれホモ・サピエンスは、真核生物（ドメイン）・動物（界）・脊椎動物（門）・哺乳（綱）・霊長（目）・ヒト（科）・ホモ（属）・サピエンス（種）となります。ウイルスの場合も基本的にはこの分類群が用いられますが、最も大きい分類群は科です。

現在のウイルスの分類体系は、核酸の種類によるものが用いられています。例えば、インフルエンザウイルスは、1本鎖RNAウイルスで、科名はオルソミクソウイルス、属名はインフルエンザウイルス、種名もインフルエンザウイルスです。ちなみに、宿主は脊椎動物ですから、脊椎動物ウイルスです。

カプシド

カプシドという外殻の構造は、大別すると2通りあります。円柱状と球状です。球状といっても正確には正20面体です。円柱というのは、タンパク質のユニットがらせん状に連なっているものです。タバコモザイクウイルスの場合は少なくともそのようになっています。らせんの軸に沿ってDNAが巻き付いているような構造です。

カプシドが正20面体という、最も対称性に富む正多面体であることは、化学進化を考える上で示唆に富んでいます。正多面体について少し説明しておきましょう。正多面体は、正4面体、正6面体（立方体）、正8面体、正12面体、正20面体の5つしかありません。正20面体より面の多い正多面体は知られていません。

正多面体は数学的には、対称性を通じて、群論と呼ばれる深遠な理論につながっています。物体の対称性とは、数学的には「変換」のことです。変換しても全く同じに見える時、対称性があるといいます。

例えば、立方体をその中心軸の周りに90度回転させたとしましょう。その立方体に印が付いていなければ、その変換の前後で、全く変わらないように見えます。そのような対称性の数が、正20面体には何と120もあるのです。

正多面体は、それぞれの面が正多角形です。3角形なら正4面体と正8面体と正20面体、正方形なら正6面体、正5角形なら正12面体です。

正多面体は、ギリシャの頃から関心を集めていました。名高い哲学者であるプラトンが、この5つの正多面体に神秘性を感じ、当時知られていた基本的な元素を、この5つに割り振っているくらいです。立方体は火、正4面体は土、正8面体は気、正20面体は水です。そこで5つの多面体は、プラトンの多面体として知られています。プラトンはなかでも、正12面体に最も神秘性を感じ、これに宇宙を対応させ、クインテッセンス（第5のエッセンス）と名付け、特別な意味を与えています。

なお、正12面体と正20面体は、対称性という意味では同じです。どちらも120個の対称性を有するからです。

なぜ同じかといえば、例えば、正20面体の1つの面の中心に点を打つと、それは正12面体の20個の頂点になり、同様に正12面体のそれぞれの面の中心に点を打つと、正20面体の個々の頂点が得られるような関係にあることを考えれば想像できるでしょう。このような観点でカプシドの正20面体という構造を考えると、生物的というより何か物理的な感じがするのは、私だけでしょうか？

実際、タンパク質から正20面体をどう作るのか、という説明は極めて数学的です。ウイルスの殻は、カプソメアというタンパク質が3角形のように並び、正20面体の面のようにぴったりとくっつくことで作られています。6個のビリヤードの球を3角形に並べて列を作るイメージです。

実際には少しゆがみがありますから、あるカプソメアは6個の別のカプソメアに取り囲まれているのに対し、一部は5個で取り囲まれているというような構造です。頂点を切り落とすと（切頂20面体という）、サッカーボールに似た形となり、60個の炭素原子から作られるバックミンスターフラーレンの構造になっています。

子ウイルスの生成過程

ＤＮＡやそれに基づくタンパク質の合成は、感染させた細胞の機能を使って行われるので理解できますが、不思議なのは、そこから子ウイルスのできる過程です。材料が供給されたときに、子ウイルスがどのようにできるかは、生命の起源を考えるうえで特に興味がもたれます。なぜなら、増殖がどのように起こるかという問題に関係するからです。

生物は細胞分裂を通じて増殖します。細胞分裂の場合、細胞の中に細胞小器官も核も全部あり、それが分裂して２つに分かれていきます。細胞レベルでの生命の発生過程は、それぞれに部品を作って合成しているわけではないのです。

ところがウイルスは、ＤＮＡないしＲＮＡのコピーをつくり、タンパク質をつくり、それを合成します。部品を合成して子ウイルスにするというのは、化学進化そのものです。

通常行われている化学進化の実験でも、まず部品をつくった上で、タンパク質やＲＮＡ、あるいは細胞壁や組織をつくろうとしますが、生物の増殖の際には、そうした過程はありません。増殖は細胞分裂を通じてなのです。

一方で、ウイルスはまず部品をつくらせて、それを合成する。つまり、化学進化という過程についてては、ウイルスを研究したほうがずっと参考になるのではないかと思っています。これがどのように行われているか、その詳細を調べて合成の模擬実験をやる方が、研究としては筋がいいと思っています。

ウイルス学の新展開

ウイルスの研究では、ここ10年で毎年のように新発見があり、1つひとつ細かくフォローできないくらいです。2008年に新分類の提案がありました。10年、11年と相次いで、巨大ウイルスの発見がありました。海にウイルスが大量に存在するとか、それがどんなウイルスか、といった発見も、ほぼ同じ頃の話です。毎年のように大変な進展があるのです。

その中に、ミニウイルスのミミックという英語から、ミミウイルスと呼ばれるものがあります。これは、サイズが400ナノメートルある、ウイルスとしては非常に大きなもので、それまで最大だったウイルスの2倍もあります。したがって、ゲノムのサイズは120万塩基対ほどになります。

このように、巨大なウイルスが発見されることにより、ウイルスと細菌の境界がどんどん重なってきています。

この他にも面白いことがあります。極限環境の生物には、だいたいウイルスが寄生しています。面白いことに、そのウイルスがまさに、極限環境への耐性を生み出していることが分かってきました。耐熱性を与えるウイルスの例を1つ挙げておきましょう。アメリカにイエローストーンという国立公園があります。ここは、陸上に出ている熱水噴出孔のような場所です。その高温地域で育つイネ科の植物に、クルヴラリア・プロトゥベラータというカビが寄生しています。この植物が高温でも生育できるのは、このカビが耐熱性を与えているからと見られるのです。

このカビが、なぜ耐熱性を持っているのかを調べると、さらに驚くべきことが分かりました。このカビには2本鎖のRNAウイルスが存在し、それが耐熱性を与えていたのです。ということは、地球上における生命の起源は極限環境下と考えられているので、ウイルスは生命の起源に直結していることになります。

極限環境下にはウイルスがたくさんいると見られます。その環境に耐性をもつ細菌が生息できるのは、ウイルスがその環境への耐性を与えている可能性が高いのです。耐熱性に限らず、干ばつ耐性なども知られています。

もちろん宇宙には、極限環境が至る所にあります。ウイルス誕生の場は宇宙かもしれません。ウイルスに関する新発見は今後も続き、大変な勢いで知識が蓄積され、近いうちに全く新しいウイルス観が形成されると思います。

生物進化とウイルス

どうやら、生物進化とウイルスの関係も根が深そうです。このテーマについて、もう少し詳しく説明しましょう。

生物の進化の基本は、自然淘汰と突然変異です。先に、分子進化の中立説と、ダーウィンの自然淘汰説を紹介しました。いずれの進化も遺伝情報は親から子へと垂直方向に伝わっていくのが基本でした。

しかし、突然変異が種全体に広まらなければ進化にはつながりません。突然、新しい種が出現する原因について、古生物学的には今でも説明できていませんが、ウイルスがそのような現象を引き起こす可能性があるのは、前に述べた通りです。ウイルスは生物種のなかに水平に伝播していくからです。それが、感染というものです。

ウイルスに感染すると、遺伝子レベルで様々な変化が引き起こされることが知られています。これはまさに、種全体に広まるメカニズムなのです。

前に少しだけ紹介した、レトロウイルスはまさに、生物間を水平に移動します。これにより、縦方向ではなくて、横方向にも遺伝子が伝播しうることが分かりました。進化を考える上で、これは極めて重要なことです。

ヒトゲノムの解析を通じて、横への伝播がさらに明確になってきています。以前から、ヒトゲノムのうち、意味のある情報を持つ部分は非常に少ないことが知られていました。意味のある情報とそうではない部分をわけて、エクソン、イントロンという名前で呼ばれていました。ヒトゲノム解読の結果、無駄な情報がどのようなものであるかが、分かってきたのです。

なお、ゲノムと遺伝子という用語は、広義の遺伝子をゲノムといい、非常に特定した部分、情報そのものを遺伝子といいます。

意味のある情報である機能遺伝子は、ヒトゲノムのわずか1・5%を占めるだけです。これがタンパク質を作るための情報を持っています。

残りの意味の無い部分が、レトロトランスポゾンとか、DNAトランスポゾン、内在性のレトロウイルスなどであるということが、最近明らかになったのです。さらにその残りの52%はまだ判明していませんが、少なくとも1・5%よりずっと多い部分に、レトロウイルスから生まれた、何らかの遺伝情報が詰まっているのです。

トランスポゾンとは、生物種の間を自由に移動できる因子の総称です。レトロトランスポゾンは、かつてウイルスの祖先が、ゲノムに入りこんで生き残ったものではないかと推測されています。

そうだとすると、これはまさに、種全体に広まるプロセスを残す情報かもしれません。まだその詳細は明らかではありませんが、状況証拠から、生物進化にとってウイルスは、その進化の鍵をにぎる重要なプレイヤーと考えられるのです。

事実、霊長目が進化する過程で、トランスポゾンに大きな変動が見られるという報告があります。また、哺乳類の登場した2億5000万年前に、レトロトランスポゾンが爆発的に増加していたことも報告されています。今後、生物進化とウイルスとの関係は次々と新しいことが分かってくるでしょう。

レトロウイルス

レトロウイルスについてもう少し説明しておきます。

RNAウイルスが増殖する場合、RNAの情報から子ウイルスが作られます。DNAの情報をRNAが転写し、翻訳してタンパク質が作られるのが、普通の情報の流れです。これをセントラルドグマといいます。

しかし、RNAからDNAが作られ、そのDNAからRNAが転写されタンパク質が作られる、そのようなウイルスが発見されました。それがレトロウイルス（次章で詳述）です。

ウイルスのDNAが体細胞の中に入るか、生殖細胞の中に入るかで、感染するか、増殖しないでそのまま残ってしまうか、の違いが現れます。残るものを、内在性レトロウイルスといいます。それが、ヒトのゲノムの中にたくさん残されているのです。

地球環境とウイルス

さらに最近、地球環境とウイルスも、深く関係しているのではないかと指摘されています。海の中には、プランクトンが多量に存在します。そのプランクトンに感染するウイルスも多量に存在し、プランクトンを死滅させることを通じて、生物の炭素循環に関係しているというのです。地球の炭素循環の基本である二酸化炭素の放出や吸収にかかわるということです。

また、雲の形成にも関与しているかもしれないといわれています。

雲の凝結核の形成に、硫化ジメチルという物質が関係しています。プランクトンが死滅する際、硫化ジメチルの元となる物質を大気中に放出するといわれています。それが、雲の凝結核の量に影響するということです。

いうまでもなく、雲の量は太陽の光をどのぐらい反射するかに関係するわけで、気候に大きく関係します。ウイルスは、生物の炭素循環や太陽光の反射率を通じて、地球環境にも影響しているかもしれないのです。

いま、メタゲノミクスと呼ばれるプロジェクトが進んでいます。世界中に存在するウイルスを調べる試みです。あと10年もしたら、ウイルスと地球環境の関わりがさらに解明され、われわれが今知っている生物炭素循環のプロセスとは、まったく異なる像が描かれるかもしれません。

もっとも、ウイルスが生物かどうかという本質的な問題は、今もって不明です。細胞説にのっとれば、生物ではありません。遺伝情報は持っていますが、自分でタンパク質をつくる能力がなくほかの細胞に寄生して行うので、これを生物とはいいません。

しかし、生物の定義はまだ定まっていないのですから、宇宙的スケールで考えれば、生物と考えてもいいのかもしれません。生命の起源の最初の段階の情報を、何か残しているようにもみえます。個人的には、非常に興味を持っている問題です。

第9章

化学進化——生命の材料物質の合成

科学的研究の対象となった化学進化

地球生物の進化の歴史を分子系統樹的に追跡すれば、コモノートと呼ばれる最初の生命の存在を考える根拠があることを、第6章で紹介しました。細胞説では、それは最初の細胞ということになります。

その誕生に至る過程として、化学進化が提案されています。細胞という構造や、その材料物質であるタンパク質、遺伝情報を担う核酸が合成される過程の総称です。

化学進化という考え方が登場したのは20世紀のことです。前に紹介しましたが、オパーリン(旧ソ連)とホールデン(イギリス)が、それぞれ独立に考えました。

彼らは、今でいうところの生物化学者ですが、当時そういう研究分野は存在しませんでした。この2人によってほぼ同時期に、化学進化という概念が提唱されました。それは、原始海洋中で生命に関わる物質がつくられ、単純なものから複雑なものへと進化して、生命の誕生に至ったという考え方です。その頃はまだ、彼らの主張に、何の根拠もありませんでした。論理的な思考の延長上で提唱されていたのです。

オパーリンは、原始の海の中で、膜のような構造がつくられ、その膜の中に分子が入り、それを複製する機能が生まれれば、それは細胞ではないか、と考えました。彼はそのような物質に、コアセルベートという名前を付けました。原始海洋中に細胞の元になる細胞壁がつくられるようなプロセスがあれば、生命の誕生に至るだろうと考えたのです。

こういう考え方が1920年代に提唱されました。それが脚光を浴びたのは、1950年代になってからです。アメリカのカルビンやスタンリー・ミラーらによる実験が行われるようになったからです。

彼らの実験により、生命の基本的な材料物質として使えるようなものが、原始地球を模倣したような環境下でつくられることが確かめられ、化学進化というプロセスが科学的研究の対象になってきました。

地球生物は、主としてタンパク質と核酸という2大高分子の構造と機能によっています。その相互作用の上に成立しているといえます。したがって、タンパク質と核酸がどのようにして合成されたのかを明らかにすることが、化学進化の最初の研究テーマとなります。

生命が使う基本的な化合物

生命の誕生に必要な材料物質とは、そこで使われている化合物です。高分子タンパク質と核酸です。そして、地球生命は、その前の段階の低分子有機化合物を30〜40種くらい使っています。したがって、まず初めに、これらの分子がどのように形成されるのかを調べればいいことになります。

さらに、無機化合物としてはリン酸、水、元素としてはナトリウム、カリウム、カルシウム、鉄、亜鉛などがあります。これらは地球にもともとあるものです。地球生物はたくさんの化合物を使っているのではなく、もともと存在するものを使っていると考えた方がいいでしょう。

低分子有機物が、無機的にどうやって合成されるのかを調べるのが、化学進化の研究の具体的な課題といえます。

セントラルドグマ

地球生命の遺伝情報を担っている物質はDNAです。特定の遺伝（DNAの配列）を担う単位が遺伝子、遺伝子全てを意味するのがゲノムです。

遺伝情報伝達物質であるDNAの情報に基づいてタンパク質が作られます。タンパク質は、様々な生命機能を活かすために必須の物質です。その生成過程を考えてみます。

タンパク質は、1本もしくは複数のポリペプチド鎖から構成されています。タンパク質を合成するということは、ポリペプチド鎖を合成するのと同じことです。遺伝子はそれぞれ、特定のポリペプチド鎖を作る機能を持っています。ではどのようにして、1つの遺伝子情報から、1種類のポリペプチドが作られるのでしょうか。

そのために、DNAの配列情報がRNA（リボ核酸）の配列情報にコピーされます。これを転写といいます。次に、RNAの配列情報が、ポリペプチド鎖のアミノ酸配列へと変換されます。これを翻訳といいます。RNAはDNAとポリペプチド鎖をつなぐ重要な分子です。

RNAはDNAと似たポリヌクレオチドですが、次の3点で異なっています。DNAは2本鎖ですが、RNAは1本鎖です。DNAの糖成分はデオキシリボースですが、RNAはリボースです。アデニン、グアニン、シトシンは両者に共通の塩基ですが、RNAではDNAで使われるチミンの代わりに、チミンのメチル基（$-CH_3$）が水素基に置換されたウラシルが使われています。

そして、DNAとタンパク質の関係が、分子生物学のセントラルドグマという考え方です。単純化していえば、DNAの情報はRNAに転写され、それが翻訳されてアミノ酸の配列が決められタンパク質を合成する。これが基本的な、タンパク質が作られる過程です。

ウイルスの中には、このセントラルドグマに従わないものも存在します。タバコモザイクウイルスやインフルエンザウイルス、ポリオウイルスなど多くのウイルスは、自分の遺伝情報をDNAではなくRNAに保存しています。これらのウイルスでは、ゲノムRNAから相補的なRNAを作るなど、RNAをもとにDNAが合成されます。つまり、セントラルドグマには従っていません。これは逆転写といわれます。

このようなウイルスは、レトロウイルスと呼ばれます。

生物の再生産過程と化学進化

生物の再生産過程、つまり細胞分裂で重要なことは、全てが細胞の中で行われているということです。そして、私は以前から、生命の進化に関しては、細胞分裂は化学進化という考えとはつながらないのではないか、と思っていました。細胞分裂は、既に存在するものが分裂していくだけのことで、化学進化のように部品を合成して細胞そのものをつくる過程は含まれていないからです。

化学進化では、ＤＮＡやＲＮＡ、タンパク質など生命を構成する基本物質がつくられ、それらが合成され、新たに生命が誕生すると考えられていますが、実際の生物の行っている再生産の過程はそうではありません。非常に複雑な過程で、われわれがそれをまだ再現できないという事実が、それを物語っています。

生物が自らの再生産過程として実際に行っているのは細胞分裂です。その情報や構造は全て、既に存在する細胞の中に用意されているのです。

セントラルドグマという考え方にも、疑問符が呈されています。ＲＮＡの中にリボソームＲＮＡと呼ばれる、酵素作用を持つＲＮＡが発見されているからです。

このＲＮＡは、ＤＮＡとタンパク質の両方の機能を持っています。これはセントラルドグマとは矛盾します。そこで、ＲＮＡワールド説という考え方が提唱されています。

ＲＮＡは遺伝子としての機能と、タンパク質の持つ触媒機能を持っています。これさえあれば、生命がＤＮＡとタンパク質という２つの高分子を用意しなくてもよく、ＲＮＡさえ形成されれば生物の誕生につながります。このＲＮＡワールド説が、最近は有力な考え方として定着しています。

化学進化に関する実験の現状

以下で、化学進化に関する実験の、最近の進展を紹介します。

年代順に追うと、１９５１年、アミノ酸の無機的合成が、カリフォルニア大学のカルビンらのグループによって最初に行われました。彼らは、二酸化炭素と二価の鉄イオンを溶かした水溶液に、加速器からヘリウムイオンを照射しました。すると、ギ酸やホルムアルデヒドなどの有機物がつくられたのです。

これは何を意味するのでしょうか？　ある種の反応物質にエネルギーを与えると反応が進み、無機的な過程を経て、無機的な分子から有機的な分子がつくられるということです。これを繰り返せば、生命に必要な単純な分子は、無機的に合成されるのではないか、という考え方につながります。

1953年にシカゴ大学のミラーも、同種の実験を行ないました。指導教官がユーレイという化学者で、この実験はミラー・ユーレイの実験として有名です。

なお、ユーレイはこの時代を代表する化学者で、アポロ計画の科学的目的を立案しています。重水素を発見し、ノーベル化学賞も受賞しています。

ミラーは、メタンとアンモニアと水素と水の混合ガス中で、火花放電を行いました。火花放電とは、雷を模したものです。カルビンのヘリウムイオン照射は、宇宙線を模したものです。

ミラー・ユーレイの実験の場合には、酢酸や尿素に加えて、グリシンやアラニンなどのアミノ酸までつくられました。有機物まで合成できたため、ミラー・ユーレイの実験の方が有名です。

これらの実験以来、反応に供給するエネルギーの種類を変え、同様の出発物質を用いて、アミノ酸を合成する試みが行われています。その出発物質にメタンとアンモニアが含まれていれば、放電のほか、紫外線、熱、放射線、衝撃波などのエネルギーを与えることによって、アミノ酸の合成は可能であることが示されています。単純な有機分子は実験室で無機的に、いくらでも自在につくられるといっていいでしょう。

アミノ酸の生成過程

それでは、アミノ酸の生成過程とはどのようなものでしょうか。放電などの場合、まずシアン化水素やホルムアルデヒドが生成されます。それが水に溶け込んで、アンモニアと結びついてアミノ酸が生成されます。これをストレッカー反応といいます。

シアン化水素重合説という生成過程もあります。海水に溶け込んだシアン化水素の重合によって高分子状化合物が生まれ、それを加水分解することによってアミノ酸が生まれるという考え方です。アミノ酸がつくられるメカニズムについては、ある程度分かっているのです。

次の問題は、アミノ酸ができたあとどうなるかです。アミノ酸がつくられると、それが重合してペプチド（タンパク質）がつくられます。タンパク質は、アミノ酸が集まったような分子です。したがって、アミノ酸が重合して高分子になっていかなければなりません。それには水が必要です。ある程度の材料物質は海水中でつくられる可能性が示されています。

これまでの化学進化の実験で重要なことは、メタンとアンモニアが含まれていれば、という条件です。この場合、様々なエネルギー源を用いることによって、アミノ酸をつくることができます。

ではガスの組成がメタンとかアンモニアではない場合はどうなのでしょうか？　メタンは化学式でCH_4、炭素に水素が4つ結合しています。アンモニアはNH_3で、窒素に水素が3つ結合しています。炭素の場合、酸素が2つ結合している二酸化炭素や、1つの一酸化炭素があり、窒素の場合は、窒素分子もあるし、二酸化窒素や酸化窒素などもあります。

これらの酸化的なガス組成の場合には、反応を進めるために、より強いエネルギーが必要なことが分かっています。宇宙線を模したエネルギー、例えば陽子線みたいなものを照射すると、アミノ酸が合成されることが実験的に示されています。

細胞膜などの形成実験

材料物質の合成ではなく、構造の形成に関する実験も行われています。

第4章でも説明しましたが、細胞は、細胞膜によって周りと区切られています。したがって最初に、この細胞膜のような構造が作られたと考えられます。細胞膜は、親水性の部分と疎水性の部分から成ります。親水性の部分を外側に向け、疎水性を内側に向け、もうひとつ同じ分子が疎水性の分子を外側、内側に親水性の分子を配置すると、膜のような構造ができます。

疎水性の部分と親水性の部分から成る分子をこのような配置にすれば、膜という構造ができるのではないかと推測されます。そのような代表的な物質として、リン脂質があります。リン脂質は、疎水基と親水基を持つ分子の代表的なものです。

実際、細胞膜は、リン脂質の2重層膜で包まれています。その膜で区切られた内部が水溶液で満たされた袋状の自己集合体が、細胞なのです。

細胞ではありませんが、実験室で人工的に作られる袋状の自己集合体を、ベシクルと呼びます。ベシクルをつくる実験も、これまでに数多く行われています。

粒径が1マイクロメートル以上のものを、ジャイアントベシクルと呼びます。これは原核細胞に匹敵する大きさです。1マイクロメートル以上のベシクルを作り、その中にいろんな分子を詰め込めば、それが細胞といえなくもありません。

問題は、この細胞のような袋状の構造が、自律的に増えるかどうかです。自律的に増えなければ、細胞にはなりません。自律的に増える、すなわち自己生産するモデルを作る実験も、いろいろと行われています。

そのような実験で、膜分子の前駆体（元のもの）を外から加えると、それが自律的に増えていくことが確かめられています。もとの1個が大きくなっていくのではなく、ある大きさのものがたくさん生まれてくる系ですが、それも実験室で再現されています。膜分子の前駆体のようなものがベシクルに相当します。

膜をつくる実験も、このように多様な観点から行われているのです。

ベシクルは、細胞膜の構造を簡単化したものです。そのベシクルの内部で特異的な化学反応が進み、ベシクルそのものを自律的に再生産していくことができると、これは限りなく生命に近づきます。その種の実験もいろいろと行われています。

例えば、数万個のベシクルの集団で自己生産が行われるのかどうか、大きさがどう変化するかといったことが調べられています。

何らかの触媒分子を系に再添加することで活性が維持され、6〜7世代までは自己生産を繰り返すようなシステムも、実験的には再現されています。その間、サイズ分布は変わらず、ベシクルの個数が100倍程度まで増加します。すなわち、大きくなると分裂して、ある程度のサイズまで小さくなり、小さいものは成長して大きなものに変わっていくのです。このようなことが実験的に再現されています。構造ができ、DNAのような遺伝情報を持つ分子が加われば、生命に近づきます。

同配列のDNAを大量に複製できるポリメラーゼ連鎖反応という過程が知られています。これはDNAを試験管内で増やす場合に用いられています。ある条件下において、ベシクル内部でポリメラーゼ連鎖反応を起こすようなDNAを次々とつくっていければ、細胞に近づきます。ベシクルという構造の中でDNAをつくっていけることになれば、生命に限りなく近づくわけで、このような段階まで実験的には調べられています。

地球の生命は、少なくとも構造と機能をもち、それが自己増殖します。構造と機能の起源に関する実験も行われています。これは、オパーリンのコアセルベートのようなものを、熱水噴出孔を模した高温高圧下などでつくる実験です。細胞状構造ですから、ベシクルに近いものです。

触媒能の起源を調べるためにも、様々な実験が試みられています。例えば硫化鉄ワールドと呼ばれるシステムです。硫化鉄ワールドはドイツのギュンター・ヴェヒタースホイザーという人のアイデアで、自然の環境で起こりそうな系として提案されています。

この種のアイデアには、ゴミ袋ワールド（がらくたワールド）という考え方があります。これは、アメリカのフリーマン・ダイソンという宇宙物理学者のアイデアです。ゴミ袋ワールドは、シンプル・イズ・ザ・ベストという意味では代表的なものです。本書で何度か紹介していますが、この宇宙は自己組織化する性質を持つという意味で、非常に魅力的な考え方です。ある過程でベシクルと似た構造ができ、その中にいろいろな分子が入りこむと、ある種のものは生命のようなものになるという考え方です。

RNAワールド

別の考え方もあります。DNAとタンパク質を別々に作るのは大変で、1回で似たようなものができたほうがいいに決まっています。それが、先に少し触れたRNAワールドなのです。

生物の遺伝情報を担い、かつ触媒の機能を持つのがRNAです。RNAはこの両方の機能を持っていますから、これが作られれば、生命につながります。したがって、RNAと似たような分子が1個でも作られれば、それがすべての生命の始まりにつながるのではないかというわけです。

RNAワールド説を模した、いろいろな実験も行われています。RNAワールドに近い系を作ろうという化学進化の実験も行われています。

そのためにはまず、RNAの構成要素分子を作ることが必要です。生体にかかわる分子を作るというより、生命の起源の第1ステップに関連する分子を作るのです。RNAはリボースと核酸塩基とリン酸からできています。つまり、リボースあるいは核酸塩基の生成を実験室で再現することになります。

RNAという高分子の構成要素の1つは、ヌクレオチドです。ヌクレオチドは、核酸塩基とリボースの縮合反応で作られます。さらに、ヌクレオチドとリン酸は、やはり脱水縮合でつなげられます。

このようなRNAの生成に至る前駆体的物質として、リン酸イミダゾリドが作られています。これは、比較的不安定な分子であることが問題ですが、モノマー（単量体）の単位として触媒や鋳型で重合させ、RNAオリゴマーを生成する実験も行われています。RNAに注目して、それに必要な材料物質をつくるという実験は、この段階まで進んでいるのです。

原始地球環境

それぞれの研究者が、それぞれのアイデアに基づいて、原始地球を模した環境で実験を行っています。では実際に、原始地球のどのような場所が、それに適した環境なのでしょうか。

地球の形成時には、微惑星の超高速（秒速10㎞以上）の衝突が起こります。それに伴い、弾丸である天体も標的の原始地球の一部も蒸発し、衝突蒸気雲が形成されます。この過程を通じて、大気や海や生命の起源につながる衝突脱ガスという現象が生じます。このプロセスを通じて、原始地球において、揮発性物質が難揮発性物質から分離するのです。

それが大気や海洋や生命の材料物質になりますから、どんな揮発性物質が分離するのかは、生命の起源を考える上で最も重要な物理過程です。衝突蒸気雲や衝突脱ガスの形成は、惑星ができるプロセスとして、必然的に起こることです。したがってどの惑星でも揮発性物質の分離は起こり、地表付近には大気や海や生命の材料物質に必要な元素が豊富に存在することが予想されます。ここでいう揮発性物質とは、太陽系の元素組成を考えると、炭素や水素、酸素、窒素です。これらの元素が太陽系天体の大気の成分であり、海や氷の成分であり、生命の成分になるのです。

地球の場合、衝突脱ガスによる原始大気の形成があり、次に海の形成が起こります。固体地球が集積する間は地表が熱いので、水は水蒸気として原始大気の主成分を構成します。しかし、集積の最終期、地表が冷え始めるとすぐに、原始水蒸気大気は不安定になり、水蒸気は凝縮し、雨となって地表に降ります。

地球軌道付近にできる地球サイズの惑星では、海が安定して存在することが理論的にはだいたい予測されています。マグマの海が冷え、原始地殻に覆われた固体地球を海がおおい、その上をさらに一酸化炭素や二酸化炭素を主成分とする原始大気がおおったのが、原始地球の環境です。

そこでは激しい雷も予想されます。雷は、大気の上下運動があれば起こりえます。上昇気流に伴い水蒸気が凝結し、水滴の氷みたいなものができます。それらが衝突を繰り返して成長していく中で電荷の分離が起こり、分離を解消する形で、雷が発生するのです。

これは水蒸気に飽和した原始大気と海があれば、必ず起こるプロセスです。あるいは、火山が噴火し、噴出した火山灰が衝突を繰り返しても、電荷の分離が起こります。したがって、火山の噴火にも伴って、雷は起こります。

太陽あるいは銀河系からは、各種の高エネルギー宇宙線が打ち込まれます。太陽の活動も、形成直後のころは特に強いですから、今よりもずっと多量の紫外線が降り注ぎます。

前記の微惑星の衝突も、地球の形成後6億年くらいは引き続いて起こります。

以上のようなことを考えると、化学進化の実験で想定されているガス組成の大気、エネルギー源は豊富にあることが分かります、したがって、これまで実験室で想定されてきた環境は、原始地球環境として妥当なものと、考えられています。

前にも述べましたが、さらにいえば、当時の海はいたるところが、今の地球でいえば中央海嶺付近にしか見られない、熱水噴出孔のような状態です。熱水噴出孔付近には非常に特殊な、原始的な生命に近い生態系が見つかっていますが、原始の海はまさに生命誕生の場として、極めて適したところなのです。

熱水噴出孔は、マントルから物質がわき上がってくる場所です。そこでは地下浅いところまで玄武岩の溶岩が上昇してきているので、そこに海水がしみこむと熱水の循環が起こります。

その際、各種の化学元素、特に金属元素が濃集し噴出するので、もくもくと黒煙を上げるように、蒸気というか熱水が噴出します。黒煙のように見えるのでブラックスモーカーといわれるのです。各種の金属元素がイオンとして溶け込んでいるということは、まさに触媒反応を媒介するものが多量に存在するということです。

加えて、高温と低温の場所が近接し、温度差が大きいという特徴があります。それは、利用できるエネルギーがあるということです。熱水噴出孔はこのように、いろいろな意味で生命の誕生にとって都合がいい場所です。原始地球の海は、至るところが熱水噴出孔のような場所でした。原始地球環境は、生命の誕生に、非常に都合がよかったと考えられるのです。

宇宙における化学進化

化学進化は、宇宙でも起こりえます。事実、隕石中にアミノ酸や核酸が発見されていますし、その他の有機物の存在も確認されています。彗星の周辺では、生命誕生に必須の単純な分子も観測されています。星のまわりや分子雲などでも、有機物につながる多種多様な分子が観測されています。

1969年に、オーストラリアで落下が目撃された隕石があります。マーチソン隕石といいます。この隕石は水を多く含んでおり、形成時の状態をそのまま保っているような隕石でした。その中から、アミノ酸が発見されました。地球生命に汚染されたものではなく、もともと隕石中にあったものです。

どうして隕石固有のものと地球産のものとの区別ができるのでしょうか？　これは前にも述べましたが、アミノ酸の立体的構造の違いによります。鏡の前に分子を置いたときの、分子本体と、鏡に映っている分子との鏡像関係の違いです。右手と左手の関係のようなものです。地球上のアミノ酸はL型の構造で、隕石中のアミノ酸にはL型もD型も含まれます。前者は左手型のみ、後者は右手型と左手型が、ほぼ半分ずつ入っていると考えればいいでしょう。

この隕石にはL型とD型が半々入っていました。ということは、地球起源ではなく、隕石固有のアミノ酸なのです。アミノ酸以外にも、カルボン酸とか、糖の誘導体とか、最近は核酸塩基も見つかっています。

これらの事実は、原始地球でなくても、宇宙のどこかで生命の材料物質がつくられる可能性を示しています。隕石の起源はもちろん太陽系です。隕石中の有機物質は、太陽系のどこかでつくられたわけですから、太陽系で化学進化が起こることも十分考えられるのです。そして、地球の生命体を構成する20種類のアミノ酸の半数近くが、実際に非地球型の天然アミノ酸として見つかっています。

彗星と生命

隕石のように地球に落下してくるものではなく、太陽系の天体として、有機物を含むような天体もあります。例えば、彗星のまわりで有機物が観測されています。

最初に発見されたのは、ハレー彗星のまわりです。彗星のコマと呼ばれる領域で、一酸化炭素とかシアン化水素や、さらに複雑な有機物が見つかっています。ただし採取して調べることは、当時はまだできませんでした。したがって、アミノ酸までは確認されていません。

最近はスターダスト計画という、彗星からのサンプルリターン計画が実施されています。その結果、アミノ酸の一種のグリシンが検出されました。彗星の氷が作られるような場所で、グリシンのようなアミノ酸がつくられることが確認されたのです。

ＥＳＡ（欧州宇宙機関）の探査計画では、ロゼッタという探査機によって、スターダスト計画をさらに本格的に行おうとしています。２０１４年に目的の彗星に到着する予定です。

彗星と生命の関係について、ホイルとウィックラマシンゲによるパンスペルミア説を最初に紹介しました。他の星から運ばれてきた胞子のような生命が、太陽系周辺で彗星に打ち込まれ、地球に運ばれてくるというものです。彗星の内部は、水や有機物に満ち溢れていますから、生命が住みやすい環境であることは間違いありません。

星間雲で見つかった生命関連分子

太陽系の外側の銀河系に、どんな分子があるのかも調べられています。星の周囲や星間雲では星間分子が観測されています。その中で、生命につながるような分子も、現時点で１４０種以上が知られています。水、アンモニア、シアン化水素、ホルムアルデヒド、シアノアセチレン、シアナミド、メタノール、エタノールなどです。生命の誕生に必要な、低分子有機物の合成につながるような分子が、たくさん見つかっているのです。

これらの分子から有機物が形成されるプロセスについても、様々なモデルが提唱されています。こうした分子が多量に存在する分子雲の中には、ダストも存在します。ダストとは鉱物粒子や氷のようなものです。ダストの表面で有機物がつくられるのではないか、という説もあります。

例えばグリーンバーグ・モデルと呼ばれるものがあります。グリーンバーグはダストの具体的な構造として、ケイ酸塩粒子の周りを氷が覆うモデルを考えました。その氷の表面で各種の有機物をつくるような反応が進むと予測したのです。

分子雲は低温で、絶対温度で10度しかありません。したがって、ほとんどの分子は凍結して氷になっています。ケイ酸塩ダストの表面でもさまざまな分子が凍結して、氷のマントルをつくっていると考えられます。

水、一酸化炭素、メタン、メタノール、アンモニアなどの分子が凍結しているところに、宇宙線、あるいは紫外線が照射されるとします。すると、表面で反応が進み、有機物がつくられるというのがグリーンバーグ・モデルです。

最近は、この過程についても実験的検証が行われています。水とか一酸化炭素、アンモニアに陽子線を照射して、その生成物を加水分解すると、アミノ酸が形成されることが確かめられています。分子雲中のダストの表面で有機物もつくられるのです。

宇宙での化学進化は、この宇宙に生命が満ち溢れているという考え方と矛盾していません。

むしろこの宇宙では、生命の材料物質がつくられやすい、すなわち生命に満ち溢れていることを示唆しているともいえます。

生命の起源で説明されるべき問題

われわれが知っている生命は、今のところ地球生命しかありません。その起源の問題としてどのようなものがあるでしょうか？

まず、先ほど紹介した不斉の起源があります。実験室でアミノ酸を合成するとD型、L型、すなわち右手型と左手型の2つがほぼ半分ずつ作られます。隕石中で発見されたアミノ酸も同様です。しかし地球生命はL型が大半です。地球生命はなぜL型を使うのかという問題です。

これについてもう少し詳しく説明しておきましょう。3次元的に見ると、分子は鏡に対して対称な形の2種類が存在します。同じ化学式であっても構造が違うわけです。これを光学異性体といいます。

実験室で合成されたアミノ酸のように、D型とL型が半分ずつ作られるものをラセミ体といいます。アミノ酸やタンパク質は立体的な構造に意味があり、様々な高次機能を持つようにできています。しかし、ラセミ体だとそのような機能は生まれません。地球上の生命がD型ではなく、なぜL型のアミノ酸を使っているのかは非常に不思議なことなのです。

このようなアミノ酸の不斉がどうして生まれるのかという問題は、未解決です。しかし、いろいろな考え方が提唱されています。

その成因が宇宙の場合には、中性子星からの円偏光が原因で、一方の光学異性体がつくられるという説が提唱されています。円偏光の光が放射されている場合、片方だけの特性を持った分子が合成されてもおかしくはないからです。

もう1つ別の考え方は、D型とL型は、完全に等量ではないとするものです。どちらかがほんの少しでも多いと、どちらかの型に収束するのではないかというものです。

事実、マーチソン隕石中のアミノ酸も、ほんのわずかながら、L型が多いことが確認されています。ほんのわずかでも多いほうの効果が最終的には勝って、L型になるというメカニズムは考えられます。

このようにアミノ酸不斉の起源に関しては、いくつかの説が提案されていますが、まだ有力な考え方や実験があるわけではありません。この問題も、宇宙における化学進化に関連して、研究を進めるべきテーマです。

第10章　宇宙における生命探査

火星における生命探査

第3章でマクロ的な視点から宇宙と生命の議論を紹介しました。宇宙論的な議論です。本章では、現在行われている、宇宙における生命探査の話を紹介します。隕石とか彗星については前章で簡単に紹介したので、太陽系の惑星や衛星でどのような探査が行われているか、あるいは系外惑星での生命存在の可能性を中心に論じたいと思います。

これまで太陽系で、生命存在の可能性のある天体と考えられてきたのは、火星と、木星の衛星エウロパ、土星の衛星タイタンの3つです。最近になって、エンセラダスという土星の小さな衛星の表面に、有機物の存在が知られるようになり、生命の可能性のある天体の1つに数えられるようになりました。

火星、エウロパ、タイタンについては実際に、生命探査が実施、あるいは計画されています。なかでも火星は、特に精力的に調べられています。まだ生命が見つかったわけではありませんが、2012年から始まったマーズ・サイエンス・ラボラトリー（MSL）という探査では、いずれ過去の生命の存在が発見されるだろうと期待されています。

火星は19世紀から、生命の存在、文明の可能性が語られてきた天体です。その頃から、望遠鏡による火星表面の観測が始まりましたが、その歴史については、第2章でくわしく紹介しました。

惑星探査時代に入ると、人類の夢とも言える生命探査が、さらに本格化しました。最初の火星探査は、1964年のマリナー4号によるものです。周回衛星による詳細な火星画像が得られたのは、1971年のマリナー9号です。その結果、火星の過去の環境は、地球と似て、温暖湿潤であったことを窺わせる地形的な証拠が、数多く得られました。

火星の地表に降りた本格的な探査は、バイキング1、2号によって行われました。1976年のことです。周回軌道上からの探査と火星上に軟着陸しての探査の2種類から成ります。着陸船による探査では、地球生物の特徴をもとに、火星上で3種類の測定が行われました。

これは、火星生命の存在を着陸船によって直接調べる、初めての探査でした。地球生物を想定しての生命探査でしたが、発見することはできませんでした。

その後しばらく、火星探査は中断します。NASAが他の惑星探査に力を入れていたからです。ボイジャーによる太陽系外の巨大ガス惑星の探査や、金星の探査が行われました。

80年代の終わり、旧ソ連の崩壊が始まる頃から、再び火星探査計画が立てられます。その頃、私も個人的に、火星探査計画に関わっていました。旧ソ連のフォボス計画です。

ドイツの友人で、マックス・プランク化学研究所の宇宙化学研究所（現在は閉鎖されている）の所長であったハインリッヒ・ベンケの仲介で、旧ソ連科学アカデミーの要請をうけ、日本のカメラを火星にもっていくことになったからです。しかし、私の火星探査計画への参加は、結局、旧ソ連の崩壊とともに消滅しました。

再開されたNASAの火星探査は、何回かの失敗を経て、1997年にマーズ・グローバル・サーベイヤーという探査機が火星に送られ、再び惑星探査の主役に躍り出ます。この探査機以降、ほぼ2年ごとに、様々な探査機が火星を訪れ、成果を上げています。

マーズ・グローバル・サーベイヤーの探査により、火星の地表の詳細な地図が作られました。この地図に基づいて、その後、地表物質の探査が行われました。水の分布や化学元素、鉱物分布などの詳細が調べられています。

ここまでは、生命探査の前段階として、火星の地表環境変動の調査が主でしたが、2012年のマーズ・サイエンス・ラボラトリー（MSL）により、いよいよバイキング以来の生命探査が始まったのです。

MSL以前の火星探査では、生命の誕生につながるような話は、いずれも火星上の水の存在に関連するものでした。逆にいえば、地球生物をもとに考える限り、生命の誕生に水は必須なので、それに注目して探査が行われてきたということです。

火星の探査は、周回軌道上からのリモートセンシング探査と、地表に着陸してその付近の詳細を調べる2つの種類の探査が、ほぼ交互に行われています。そのうちの1つについて、紹介しておきましょう。

探査車による探査（MER）

地表に降りて調べる探査も、ローバーと呼ばれる探査車を用いるものと、着陸船だけの2種類があります。ローバーを用いた探査は、1997年のマーズ・パスファインダー、2004年のマーズ・エクスプロレーション・ローバー（MER）、そして最近のMSLです。

MERと呼ばれる地表のローバー探査では、火星の地層に、ヘマタイトと呼ばれる鉄の酸化物の球粒が、多量に含まれていることが発見されました。

しかもこの地層は、独特の堆積構造を示していました。水の流れがあるときに堆積する構造で、斜交層理と呼ばれます。その地層中に、ヘマタイトが大量に含まれていたのです。

ヘマタイトの球粒は、水のある環境下で、還元的から酸化的、というような環境変化があると形成されます。ということなので、この結果は過去に大量の水が存在した初めての物質的証拠と考えられています。火星の環境に関して、初めて地表での物質的証拠が得られたのです。

ヘマタイトは、マグネタイトと並ぶ代表的な鉄の酸化物です。鉄の酸化物にはこのように、酸化還元状態の違いによって、いくつか異なるものがあります。

環境の酸素濃度が低い状態から高い状態へと変わったとき、例えば二価の鉄は水に溶けやすいけれど、三価の鉄は溶けにくいという性質を反映して、ヘマタイトが沈殿します。火星の堆積層中にヘマタイトの粒子が大量に存在することは、水の存在とともにこのような環境変化が起こったことを窺わせるのです。

これらの地質学的証拠はまさに、過去の火星に液体の水が大量に存在し、水循環が起きていたことを物語っています。液体の水の循環は、地球環境にとって最も本質的なことです。地球がシステムであることを象徴するからです。

システムというのは、複数の構成要素から成り、かつ構成要素間の関係性が存在することが重要な成立要件です。構成要素間の関係性とは物質循環のことです。

地球の場合、その代表的なものが水循環です。火星でかつて水循環があったということは、地球システムと同様の環境がある時期存在し、システムとして機能したことになります。

地球と同じように、生命の材料物質も多量にありますから、生命の誕生が起こっても不思議はありません。現生の生物が地表では難しいとしても、火星の地下には存在する可能性があります。第7章の極限環境の生物のところで説明したように、火星の地下の生物圏は、かなり現実的に考えられているのです。

火星隕石中の細胞化石

2004年に探査車スピリットが撮影した火星の岩

96年、火星から飛来した隕石の中に、生物の細胞化石らしきものが存在する、という報告がありました。アランヒルズ84001という隕石です。その論文の筆頭著者はディヴィッド・マッケイという研究者ですが、2013年初めに亡くなりました。

細胞化石と言われたものは、地球のシアノバクテリアの化石と似たものでした。最古の化石として、これまで何度も紹介したものです。それとよく似たようなものが含まれていたのです。

その付近には、PAHと呼ばれる有機物があり、炭酸塩鉱物やマグネタイトという小さな鉄の酸化物粒子も含まれていました。マグネタイトは生命活動によってもつくられます。そこで、火星の細胞化石ではないかと考えられたのです。当時、NASAが特別会見を開いて、火星で生物の証拠が見つかったと発表し、大きなニュースになりました。

今日、この報告がどのように評価されているかというと、是と非が半々くらいといったところでしょう。化石に似た形をしているとか、PAHのような有機物は、生命が存在した証拠としては、強くありません。しかし、鉄の磁性鉱物が、地球上の生物がつくるものとよく似ているということは、強い間接的証拠になるのです。

キュリオシティによる探査

現在、火星で、生命の痕跡発見の可能性が非常に高いと考えられる探査が行われています。それがMSLによる探査です。この探査では、地表に重さが900kg、全長3mのローバー（探査車）が降ろされ、地表を移動しての地質、大気、生命探査が行われています。このローバーにはキュリオシティという愛称が付けられています。

この探査がこれまでと画期的に異なるのは、次の2つの理由によります。これまでの地表のリモートセンシング探査から、最も生命の存在しそうな場所に着陸したこと、もう1つはローバーにはありとあらゆる高性能観測機器が搭載されているということです。観測機器の総重量は80kgで、それだけで従来の探査車の重さに匹敵するほどです。

キュリオシティ撮影の画像。外輪山がうっすら見える

降りた地点は、ゲール・クレーターという直径１５４㎞の衝突クレーターの北西部分で、火星の赤道付近に位置します。その中心にはシャープ山という山がそびえていて、キュリオシティは、最終的にはその麓を目指します。

ゲール・クレーターは、30億年以上前に、天体の衝突によって作られ、その後水がたまり、湖が形成されたと考えられています。その時堆積したものが、湖が干上がった後、浸食され、現在のような姿になったと考えられています。

中央のシャープ山は、クレーターの底からの高さが５５００ｍあり、その山麓に、その頃堆積した層が露出しています。これまでの周回衛星からの探査で、この堆積層は３層から成り、下の２層が、かつて湖であったときに堆積した地層と考えられています。それを調べるのがキュリオシティの目的です。

なぜ堆積層を調べることが重要なのでしょうか？　堆積物には、堆積した当時の火星環境の痕跡が残されます。それを下から順に調べれば、その環境変動の歴史が解明できるのです。もし火星に生命が誕生していたら、堆積物中に有機物としての痕跡を発見できる可能性があります。

キュリオシティは現在移動中ですが、２０１３年中にはシャープ山に到達する予定です。なお、キュリオシティは、最大で時速90ｍ、平均速度は時速30ｍで移動します。

動く科学実験室と称されるキュリオシティに、どんな観測機器が搭載されているか見てみましょう。

最も重要な観測機器はＳＡＭという略称の火星サンプル分析装置です。これは重さが約40kgあり、搭載された10個の観測機器のなかで最大です。スコップで土壌をすくってＳＡＭに入れ、７００～８００℃に加熱し、生じたガスをガスクロマトグラフなどの装置で分析します。これにより、大気中のメタンの量や、サンプルに有機物が含まれていれば、その分析ができます。

ChemCam《ケムカム》という、惑星探査で初めて用いられる観測機器も搭載されています。これは、レーザーを照射して試料を気化させ、その光を分光して、７ｍほどの距離から試料の化学組成を観測する装置です。

その他、各種カメラや、アルファ線、X線などを用いて試料の元素や鉱物の組成を分析する装置、気象観測装置、宇宙からの高エネルギー粒子観測装置、地表からの中性子を観測して地下水の量を測定する装置などが搭載されています。

従来は、太陽光発電パネルを用いて電力を得ていましたが、今回は、原子力電池を使っています。その寿命は最低でも14年ありますから、予算が続く限り、かなり長期にわたって探査が行えます。

まだ、驚くような結果は報告されていませんが、いずれ大発見の報がもたらされることでしょう。

タイタンにおける生命探査

太陽系天体のなかで、火星と並んで生命存在の可能性が高いと見られるのが、タイタンという土星の衛星です。この衛星がなぜ注目されるかというと、前にも紹介したように、メタンの循環が存在するからです。

タイタンの地表温度は低いので、水は凍りついていて、地球でいえば大陸のような地形として存在します。しかし、メタンやエタンは、タイタンの地表環境でも液体として存在できます。

地表温度が上がればメタンは蒸発し、大気中で凝結して雲をつくります。その量が多くなれば、雨となって地表に降ります。タイタンではメタンの雨が降るのです。

メタンの流れる川が低地に流れ込めば、湖となります。雲も、河の跡も、湖も、カッシーニという土星周回探査機が、実際に観測しています。湖から再びメタンが蒸発し、雨となって地表にもどるという、地球上の水の循環のような物質循環が、メタンで起きているのです。

前に、水の循環が地球がシステムであることの象徴だと書きました。その地表環境がシステムとして機能していない天体では、生命というシステムは生まれません。そして、タイタンでは「タイタンシステム」のようなものが考えられるのです。

タイタンの大気中には実際、有機物が多量に存在します。それが霞というか、もやのように漂っているので、地表を見ることはできません。タイタンはオレンジ色に見えますが、それは、この霞のような物質によるものです。

アメリカの著名な惑星科学者カール・セーガンが、この物質をタイタンソリンと呼んで以来、タイタンの大気中にあるこの有機物は、一般的にそう呼ばれています。それが地表に降っているかもしれないので、タイタンも非常に有力な、生命存在の可能性のある天体と考えられているのです。

タイタンの画像を見ると、実際、雲や、川のような地形や、液体がたまっている湖が見られます。地表に降りたホイヘンスという着陸機の撮影した画像にも、角がとれて丸くなった氷の石が映っていました。柔らかそうな堆積物の様子も映っていました。

ホイヘンスの観測活動はすぐに終了しましたが、カッシーニという探査機は今でも土星周回軌道上にあり、タイタンに接近するたびに地表の画像を撮り続けています。タイタンソリンで覆われた地表は可視光で見ることができないので、レーダーを用いて観測しています。

現在のタイタンでは、湖は北半球に多く分布しています。メタンの循環は季節によってパターンを変えると考えられるので、ある時は北半球、ある時は南半球に分布が変わる可能性もあります。

エウロパの海

木星には、ガリレオが発見したのでガリレオ衛星と呼ばれる、4つの大きな衛星があります。その1つのエウロパも、生命探査の対象となる有力な候補です。

エウロパの地表画像を見ると、地表を覆う氷に、筋状に見える地形が無数に走っています。そして、天体衝突によってつくられたクレーターは、カリストという別のガリレオ衛星と比べると、圧倒的に少ないのが特徴です。クレーターは地表の年代を測る目安として使われます。その個数が少ないということは、その地表の形成された年代が若いということです。

地表は氷で覆われていますが、氷の下には液体の水が、海のように続いているのではないか、と考えられています。極寒ともいえる地表温度のエウロパの地下が、どうして液体の水なのでしょうか？

実はその内部で、熱が発生するメカニズムがあるからです。木星のガリレオ衛星の1つにイオという衛星があります。イオは今でも活発な火山活動をしていることを、ボイジャーという探査機が発見し、有名になりました。その熱源は、先に紹介した潮汐加熱という現象です。

衛星の軌道が、中心の惑星に近づいたり、遠ざかったりする場合、天体として受ける潮汐力が変化して形が歪みます。その変形の熱が内部にたまって暖められるのです。

エウロパもイオと同様で、軌道が円から少しずれています。すなわち偏心しているため、潮汐力によって形が変形を繰り返し、その熱が内部にたまるのです。その熱が内部から地表付近に流れてくるので、氷がとけ、海になっているのだろうと考えられているのです。

まさに、地球でいうところの熱水噴出孔のようなものが、エウロパの氷の下にあることが予想されます。エウロパの海は、深さがせいぜい100kmほどと推定され、その下には、岩石から成る層が中心まで続きます。その岩石の層が潮汐力により加熱され、場合によっては融けている可能性があります。海の下に熱い岩石層があり、その一部が融けているとしたら、熱水噴出孔の存在も予想されます。

その付近には材料物質として、炭素、窒素、水素、酸素など、生命にとって必須の元素もいっぱいあるはずです。極限環境の生物の章（第7章）で紹介したように、地球の原始の海で起こったような生命の誕生が、エウロパで起こっても不思議はないことになります。太陽の光が届かなくても、生きられる生命は存在します。地球の熱水噴出孔周辺に存在する化学合成細菌は、まさにそのような生命でした。このような生命なら、エウロパの海の下でも生きることができます。

なお土星の衛星の1つに、エンセラダスという小さなものがあります。土星周回軌道の探査機カッシーニが、そこでガイサーを発見しました。ガイサーとは、蒸気が間欠的に噴出するような現象です。

エンセラダスでは、地表に有機物が分布することが確認されています。したがって最近は、エンセラダスもまた、生命の誕生する可能性のある天体の1つに数えられるようになっているのです。

これらが太陽系で生命存在の可能性のある天体で、将来の探査計画が立案されているところです。

銀河系における生命存在の可能性

最近は太陽系から、さらに銀河系まで視野を広げて、生命存在の可能性が議論されています。

1995年以降、系外惑星が多数発見され、最近ではケプラーというそれ専用の探査機が打ち上げられ、系外惑星の観測をしています。その結果、周囲に系外惑星を持つかも知れないと予想される星が、2000以上見つかっています。望遠鏡による観測で、95年以来これまでに発見された系外惑星の総数は、600程度でしたから、大変な増加です。

以前は系外惑星が見つかるとニュースになりました。今はもうニュースにもなりません。唯一地球と似た系外惑星が見つかると、ニュースになる程度です。

地球と似た系外惑星のことを、スーパーアース、あるいはミニネプチューンなどと呼んでいます。観測上、地球と似た惑星の中でも特に大きいものが見つけやすく、したがって、これまで発見されたのはいずれも、地球よりかなり大きいからです。

地球より大きいという意味でスーパーアースですが、別の意味で水惑星（氷惑星）である海王星に比べると小さいので、ミニネプチューンともいわれるのです。

スーパーアースは、地球と同じような地表環境をもつ惑星という意味です。地表に海を持つことを前提にしています。そのような環境なら、地球と同じように生命が生まれ、進化する可能性も高いと考えられるので、注目されています。

地球と似た系外惑星を発見したとして、そこに生命がいるかどうかを検出するためには、まだ有効な観測法がありません。1つはっきりしているのは、酸素のような分子が大気中に含まれていれば、生命の存在に結びつくということです。酸素分子が地球のように大量に存在すれば、光合成生物以外にその起源を考えることができないからです。大量の遊離酸素分子（大気中にO_2としてある）の存在が、生命惑星の1つの有力な証拠になると考えられています。

その他、いくつか面白いアイデアが提唱されています。

例えば、地球をはるか遠くから見て、生命がいるかいないかを大気の成分観測以外の方法で、どのようにして判断するか考えてみます。

地球には大陸があり、その上に植物が繁茂しています。したがって自転に伴って、アルベド（反射率）が変わります。アルベドは海と陸とで異なるし、季節によっても違います。自転に伴ってアルベドが変わるような現象が見つかれば、それは有力な情報ということになります。大陸と海の分布に加えて、そのアルベドが季節的に変われば、大陸の上に生物がいるかもしれないのです。

このように、系外惑星を長期的に観測して見つける方法が、具体的に提案されています。

スーパータイタン

スーパーアースより、個人的にスーパータイタンと呼ぶ天体のほうに、私は興味があります。そのような天体のほうが銀河系に数多く存在し、生命誕生の可能性も高いのではないかと考えるからです。

地球のように、中心となる星の近くに惑星があれば、水が液体として地表に存在する軌道領域が考えられます。ハビタブルゾーンといいます。この領域にある惑星は、地球と同じような地表環境を持つと考えられます。

しかし、発想を変えれば、太陽系でいえばタイタンのように、中心星から遠くに位置する天体では、大陸が氷から成り、メタンのような物質が循環することも考えられます。このような天体もまた、システムとして機能する可能性が考えられます。

系外惑星から成る惑星系の形成を考えてみます。そのためにまず、中心の星を取り巻く原始惑星雲ガスが冷えると、どんな物質が生まれるか考えてみます。単純化すれば1つは岩石的なもの、1つは氷的なもの、それから原始惑星雲の条件下では固定しないガスの3つです。ガスのままの元素は水素とヘリウムです。銀河系にある惑星系なら、どこでも材料物質としては、この3成分を考えればいいと予想されます。太陽と似たような恒星の周りの原始惑星雲は、太陽系と同様の元素存在度を持つと予想されますから、太陽系を基準にして考えてもいいのです。

すると、ガスを除けば、材料物質としては氷の量が圧倒的に多いわけですから、氷の惑星系がたくさん生まれても不思議はありません。その氷の惑星系の中に、理論的にはタイタンを大きくしたような天体があってもいいので、私はそれをスーパータイタンと呼んでいるのです。

そういう惑星を探すのも面白いのではないかと、個人的には考えています。

系外惑星については、理論的には、いろいろなモデルが考えられます。中心の星の質量によりますが、太陽系のように地球と似た惑星が生まれる領域は限られます。星の周りで、惑星の水が凍ってしまうか否かの境界が考えられます。これをスノーラインといいます。スノーラインの内側では、地球みたいな惑星が生まれます。

外側に行くと、氷の惑星の領域です。スノーラインの外側には、氷の天体がたくさんつくられます。氷といっても水に限りません。炭素、窒素を含む化合物、例えば二酸化炭素とか、メタン、アンモニアなどもありますから、いろいろな氷惑星を考えることができます。

こういう領域に生まれる惑星は、小さければ氷惑星です。水は氷の大陸として存在し、メタンとかアンモニアとかが循環し、タイタンのように大気中で有機物がつくられても不思議はありません。理論的には、メタンの海を持つような惑星が考えられますし、二酸化炭素が海になっているような惑星も考えられます。地球とは似ても似つきませんが、有機物をつくるのには適した環境なのです。

いずれ、スーパータイタンを見つけて、いろいろ調べてみたいと思っています。銀河系というスケールで生命を考えるときは、頭を柔軟にして、可能性を広く考えることが必要です。

宇宙検疫

宇宙の生命探査をやる場合、難しい問題があります。宇宙検疫という問題です。前記のように、地球上には至る所に生命が存在し、宇宙に持って行く観測機器には必ず地球生命が付着するため、それを滅菌しなければならないのです。宇宙に持って行った観測機器に付着した細菌が、生き延びていたという実例があります。

アポロ12号が、月面に着陸した探査機（サーベイヤー3号）からカメラを回収して、地球に持ち帰りました。そのカメラの内側から、生命が見つかったのです。ストレプトコッカス・ミティスという細菌です。人の口腔内（頬の粘膜や歯牙表面）にいる細菌です。この細菌が培養できたので、生き延びていたということです。もっともこの細菌は、地上にもどってきてから付着した汚染ではないか、という疑問も残っています。

宇宙に持っていく観測機器の滅菌は、非常に難しい問題です。一番の理由は、滅菌のために温度を上げることができないことです。温度を1000度に上げれば生命は死滅します。しかし電子機器も壊れます。そこで、普通は放射線を浴びせるなどして殺菌します。

しかし、放射線では死なない生命もいるのです。ですから、宇宙に持っていく機器を滅菌するのは、かなり難しいのです。

このことから、面白いことが考えられます。地球からのパンスペルミアです。われわれが人工の探査機を他の太陽系天体に送るたびに、地球生命が宇宙に飛びだしている可能性があるのです。それが月に降り、火星に降り、タイタンに降りるたびに、これらの天体は地球生命で汚染されているかもしれません。

これは、まさにパンスペルミアです。このパンスペルミアを阻止することが、宇宙検疫の目的です。

宇宙検疫は非常に難しい問題ですから、宇宙で生命らしきものを見つけたとしても、それが本当にその場で生まれたものか、慎重に調べなくてはなりません。現在、火星上で探査を続けているキュリオシティでも、この問題が将来起こりえます。生命の痕跡を測ろうとする観測機器に地球生命が付着している可能性があったら、どんな観測結果を得たとしても説得力はありません。これが宇宙の生命探査の一番難しい問題といえるかもしれません。

あとがき――スリランカの赤い雨

序章で、インドの赤い雨について紹介しました。2012年11月13日、今度はスリランカで、赤い雨が降りました。マスコミ風に表現すれば、まさに〝血のような雨〟です。直後のインターネットの情報によると、現地の医学研究所の発表では、その正体は微生物で、トラケロモナスという微細藻類のバクテリアということです。人体に影響はないので心配はいらないということです。しかし後述するように、これは、赤い雨の凝結核とは別の、赤い雨の採集時に含まれた微生物と考えられます。

序章でも書きましたが、筆者は当時、あることをきっかけに、チャンドラ・ウィックラマシンゲというイギリスの研究者と、宇宙における生命の可能性について共同研究を始めていました。彼は70年代から、フレッド・ホイルという宇宙物理学者と共著で、「生命は宇宙からやってくる」という趣旨の論文や本を数多く執筆し、現代における「パンスペルミア説」の代表的論客として知られています。

その彼の手元に、スリランカから、この赤い雨の試料が送られました。実は、彼は高校時代までスリランカで過ごし、その後ケンブリッジで学位を取得した経歴を持ちます。そのため、スリランカでは今でも国民的人気のある研究者なのです。

彼も、医学研究所とは別の視点から、この赤い雨の調査を始めました。実は赤い雨と前後して、同じ地域に隕石も落下したのです。当然チャンドラのもとへ、その隕石も送られました。パンスペルミア説を主張するチャンドラが、このことに喜んだのは当然のことです。この赤い雨の凝結核である細胞状物質を、宇宙から来た可能性が高い試料、という視点から、分析をしようと考えたのです。

必然的に私も、この試料の分析チームに名を連ねることになりました。私が、イギリスの彼のもとに派遣している、インドの赤い雨の研究をしているポスドクが、とりあえず、その赤い雨の分析を担当することになったからです。

2013年4月初め、その彼とチャンドラから、急ぎの連絡が届きました。赤い雨から採集した細胞状物質の細胞壁部分に、ウランの濃集があるというのです。加えて、スリランカの医学研究所とは別の研究所でも、その部分にはリンが無く、代わりにヒ素があるという分析結果を得たようだということで、われわれとしても至急、この結果を、短報の論文として発表しておきたい、というのです。そのメールには論文原稿が添付されていました。

本当だとすれば大変な発見です。しかし、そもそも赤い雨がどのように観測され、どのようにして回収され、どのような経緯で医学研究所やイギリスに運ばれたのか、隕石落下は本当なのか、など分からないことだらけです。スリランカの赤い雨のことを自分でまず、ちゃんと調べ直さなくてはなりません。そこで、4月末に、急遽スリランカに調査に出かけることにしました。

タイミング良く、その頃、イギリスのディスカバリーチャンネルも、赤い雨と隕石に興味をもち、取材にスリランカに行くというのです。チャンドラも同行するというので現地調査をするには好都合です。

序章でも紹介しましたが、この地域で赤い雨が降ることは、前代未聞というほど稀な現象ではありません。01年に、スリランカの少し北に位置するインド南部ケララ州で、同様の赤い雨が観測されています。そのニュースを覚えている人も多く、今回降った赤い雨がスリランカ国内でも、あるいは国際的にも注目された所以です。

ちなみに、赤い雨が降ったという記録は紀元前から、エジプト、ヨーロッパなどで数多く残されています。赤い雨と同時に隕石も降ったとか、火球が目撃されたとか、大気中で大きな爆発音がしたというような事象の記録も結構あります。

最近の記録も多いのですが、19世紀以降では、19世紀に多く20世紀に少ないという奇妙な傾向もあります。21世紀に関しては、まだインドとスリランカの2例のみです。

ただし、赤い雨について科学的な研究がおこなわれた例は、ほとんどありません。19世紀に行われた分析が多いのですが、当時の分析機器の性能を考えれば、とても科学的分析とは言い難いものです。

今回の調査は突然決めたので時間がなく、4泊6日の強行軍でした。スリランカに行くだけで、丸1日かかります。したがって、実質3日間の調査です。

赤い雨が降ったのは、スリランカ観光では有名な、文化三角地帯と呼ばれる地域の一角でした。この地域は仏教伝来の遺跡が数多く残されていて、世界文化遺産に登録されているものも多くあります。その代表的な都市が、キャンディ、アヌラーダプラ、ポロンナルワです。そこで、これらの都市を結んだ三角形の地域を、このように言うようです。赤い雨が降ったのはその一つ、ポロンナルワの近郊でした。

インドには何度も出かけていますが、スリランカは今回が初めての訪問です。まずコロンボにある医学研究所を訪れ、赤い雨についてのこれまでの経緯を聞くことから始めました。するとその時点で、われわれには報告されていない事実が、数多くあることがわかりました。赤い雨だけでなく、黒い雨や、青い雨など、様々な色の雨が、赤い雨の降った後、数ヵ月の間に降っているのです。色のついた雨と前後して隕石も降っているといいます。ただし、色のついた雨と、隕石落下は、時期がまったく一致するわけではありませんでした。

医学研究所の持っている情報も、実際現地に出かけて得た情報ではないこともわかりました。そのため、分からないことも数多くあります。そこで実際に、赤い雨や隕石の降った現地にでかけ、現場での目撃者の証言を聞くことにしました。現場は、コロンボから車で8時間くらいドライブしたところにあります。以下にその証言をまとめておきます。

まず赤い雨に関しての証言です。証言者はジャヤシーラさん、近くの町でバーのマネージャーをしているといいます。年齢を聞き忘れましたが、歳の頃は60歳くらいでしょうか。彼の自宅を訪れ、証言を聞きました。

彼の家は、田舎の家にしては立派な作りでした。庭も手入れが行き届いています。スリランカの農村地帯を回って驚いたのは、インドの農村との違いです。町にしても家の周囲にしても、ゴミがほとんどないのです。したがって匂いもなく、清潔なことに加えて、ちゃんとした作りの家に住んでいることにも驚きました。家のある場所は、ノース・セントラル・プロヴィンス、ポロンナルワ地域、アララガンヴィラというところです。

赤い雨が降ったのは、12年11月13日、午前7時から8時にかけてだといいます。前日から雨は降っていたのですが、13日の朝方に、急に雨が赤くなったといいます。赤い雨は約45分間降り続いたそうです。その際、庭も赤茶色に色づいた、といいます。

彼は、インドのケララ州に降った赤い雨のことを知っていたので、当初は怖いと思ったそうですが、特別な雨だと思い採取したとのことでした。採取に用いたのは洗濯などに使う白いポリバケツで、それを屋根の下に置き、屋根から落ちる赤い雨を溜めたといいます。井戸をチェックすると、汲み上げ用のバケツにも赤い雨が溜まっていたそうです。採取後、知り合いのレポーターに連絡し、試料を手渡したといいます。レポーターがそれを医学研究所に送り、その一部がチャンドラに送られたとのことでした。

この回収法でもわかるように、採取した雨には、雨以外の不純物が一杯含まれています。実際に、微生物が一杯いることは、顕微鏡で試料を見てみるとよくわかります。したがって、赤い雨の凝結核をきちんと分けないと、それが何なのかは分析できません。現地の医学研究所が報告したように、トラケロモナスも確かに存在します。しかし、それと、赤い雨に含まれているものとは違うのです。

そのすぐ近く、右記の場所と全く同じ地名のところに、その後隕石が落下しました。両地点の緯度と経度を示すと、赤い雨が、北緯7度52分29秒、東経81度09分24秒、隕石が、北緯7度53分00秒、東経81度09分16秒です。

証言者はバンダさん、水田で稲を栽培する農家の人です。年の頃は50歳くらいでしょうか。12年12月29日、午後6時半頃のことです。自分の田を点検している時、北の方角に、火の玉を目撃したとのことです。直後に、蛍の光のような小さい光を複数見たそうです。火の玉はあまり動きがなく、自分のほうに向かって来ている様だったといいます。怖くなったので、すぐに帰宅したそうです。翌朝7時頃、田へ戻ると、以前に見なかった複数の石が散在しているのを発見したそうです。大きさは平均2〜3㎝、最大のものは4・5㎝くらい。田は収穫前で、稲は腰辺りまで育っていたようです。その時、田に水は入っていなかったそうで、地面は砂状で、小石などはなかったといいます。

石の採取時には火薬の燃えたような匂いがしたそうです。火球の目撃時に音を聞かなかったかと尋ねましたが、聞かなかったという返事でした。警察に連絡したところ、警官が来て、石を採取し、後に医学研究所や他の機関に送り、分析を依頼したとのことです。これがチャンドラのところに送られ、現在分析中の隕石のようです。

赤い雨の降った時期と隕石落下の時期は、1ヵ月半ほどずれています。したがって、赤い雨現象と隕石落下とは直接の因果関係はない、と思っていいでしょう。インドのケララ州の赤い雨との違いは、この点にあります。ケララ州では赤い雨の降る前に、大気中で大きな音がしたともいいます。

隕石落下に伴う火球の目撃証言は、音の件を除けば、そんなものだろうという内容で、違和感はありません。問題は落下したという隕石です。私が見る限り、見かけは隕石とは程遠いのです。どう見ても地球の石です。スカスカの軽い石で、直感的には珊瑚礁の石という印象でした。しかし、田んぼに珊瑚礁の石が転がっているわけはありませんから、証言を聞く限り、空から降ってきた石に間違いはなさそうです。

その場で考えたのは、近くの海岸から竜巻か何かで巻き上げられた珊瑚礁の石か、ということです。この日、付近がそのような気象条件だったか、まだ調べていないのでよくわかりませんが。

赤い雨とこの隕石以外にも、やはり文化三角地帯で、黒い雨と隕石落下が報告されています。隕石落下が13年1月4日午後10時から11時で、黒い雨の降ったのは、同年1月11日午後3時から4時ということです。したがって、因果関係としては、多少の関連があってもおかしくはありません。

赤い雨ではないので、その目撃証言をここで紹介するのは省略します。しかし、火球の目撃証言としては妥当な内容でした。ただし、隕石そのものは、右で紹介したのと同様、通常の隕石とは全く異なるものです。

というわけで、現在、赤い雨に含まれる細胞状物質と、隕石と称される石の素性を調べているところです。最近、ここで隕石と称された石は、火山からの軽石に似たものであることが判明しました。隕石ではなかったのです。しかし、地球の石だとすると、どうして火球の現象が見られたのかは、なぞです。

　赤い雨が宇宙からの生命なのかどうか、現在はまだ調査中ですが、この現象は３００年近く前から知られています。今初めてその現象に科学のメスが入るという、その場に立ち会っているのは、何かの因縁を感じてしまいます。

松井孝典（まつい　たかふみ）
1946年静岡県生まれ。理学博士。東京大学理学部卒業、同大学院博士課程修了。専門は地球物理学、比較惑星学、アストロバイオロジー。NASA客員研究員、東京大学大学院教授などを経て東京大学名誉教授。2009年より千葉工業大学惑星探査研究センター所長。12年より政府の宇宙政策委員会委員（委員長代理）。1986年、英国の『ネイチャー』誌に海の誕生を解明した「水惑星の理論」を発表、NHKの科学番組『地球大紀行』の制作に参加。88年、日本気象学会から大気・海洋の起源に関する新理論の提唱に対し「堀内賞」、07年、『地球システムの崩壊』（新潮選書）で、第61回毎日出版文化賞（自然科学部門）を受賞。

文春新書

930

生命《せいめい》はどこから来《き》たのか？　アストロバイオロジー入門《にゅうもん》

2013年（平成25年）8月20日　第1刷発行

著　者　松　井　孝　典
発行者　飯　窪　成　幸
発行所　株式会社　文　藝　春　秋

〒102-8008　東京都千代田区紀尾井町3-23
電話（03）3265-1211（代表）

印刷所　大日本印刷
製本所　大　口　製　本

定価はカバーに表示してあります。
万一、落丁・乱丁の場合は小社製作部宛お送り下さい。
送料小社負担でお取替え致します。

ISBN978-4-16-660930-7

◆日本の歴史

日本神話の英雄たち　林　道義
日本神話の女神たち　林　道義
古墳とヤマト政権　白石太一郎
一万年の天皇　上田　篤
謎の大王　継体天皇　水谷千秋
謎の豪族　蘇我氏　水谷千秋
謎の渡来人　秦氏　水谷千秋
女帝と譲位の古代史　水谷千秋
孝明天皇と「一会桑」　家近良樹
天皇陵の謎　矢澤高太郎
四代の天皇と女性たち　小田部雄次
対論　昭和天皇　原　武史・保阪正康
昭和天皇の履歴書　文春新書編集部編
昭和天皇と美智子妃　その危機に　加藤恭子・田島恭二監修
皇族と帝国陸海軍　浅見雅男
平成の天皇と皇室　高橋　紘

皇位継承　高橋　紘・所　功
美智子皇后と雅子妃　福田和也
天皇はなぜ万世一系なのか　本郷和人
皇太子と雅子妃の運命　文藝春秋編
戦国武将の遺言状　小澤富夫
江戸の都市計画　童門冬二
徳川将軍家の結婚　山本博文
江戸城・大奥の秘密　安藤優一郎
幕末下級武士のリストラ戦記　安藤優一郎
旗本夫人が見た江戸のたそがれ　深沢秋男
徳川家が見た幕末維新　徳川宗英
伊勢詣と江戸の旅　金森敦子
甦る海上の道・日本と琉球　谷川健一
合戦の日本地図　武光　誠・合戦研究会
大名の日本地図　中嶋繁雄
名城の日本地図　西ヶ谷恭弘・日弁貞夫
県民性の日本地図　武光　誠
宗教の日本地図　武光　誠

白虎隊　中村彰彦
新選組紀行　中村彰彦・神長文夫
福沢諭吉の真実　平山　洋
元老　西園寺公望　伊藤之雄
山県有朋　愚直な権力者の生涯　伊藤之雄
渋沢家三代　佐野眞一
明治のサムライ　太田尚樹
「坂の上の雲」100人の名言　東谷　暁
日露戦争　勝利のあとの誤算　黒岩比佐子
徹底検証　日清・日露戦争　半藤一利・秦郁彦・原剛・松本健一・戸髙一成
鎮魂　吉田満とその時代　粕谷一希
旧制高校物語　秦　郁彦
日本を滅ぼした国防方針　黒野　耐
ハル・ノートを書いた男　須藤眞志
日本のいちばん長い夏　半藤一利編
昭和陸海軍の失敗　半藤一利・秦郁彦・平間洋一・保阪正康・黒野耐・戸髙一成・戸部良一・福田和也
あの戦争になぜ負けたのか　半藤一利・保阪正康・中西輝政・戸髙一成・福田和也・加藤陽子
二十世紀日本の戦争　阿川弘之・猪瀬直樹・中西輝政・秦郁彦・福田和也

零戦と戦艦大和　半藤一利・秦郁彦・前間孝則・鎌田伸一・戸髙一成・江畑謙介・兵頭二十八・福田和也・清水政彦
十七歳の硫黄島　秋草鶴次
指揮官の決断　満州とアッツの将軍　樋口季一郎　早坂　隆
松井石根と南京事件の真実　早坂　隆
硫黄島　栗林中将の最期　梯　久美子
特攻とは何か　森　史朗
銀時計の特攻　江森敬治
帝国陸軍の栄光と転落　別宮暖朗
帝国海軍の勝利と滅亡　別宮暖朗
日本兵捕虜は何をしゃべったか　山本武利
幻の終戦工作　竹内修司
東京裁判を正しく読む　牛村　圭・日暮吉延
昭和史の論点　坂本多加雄・秦　郁彦・半藤一利・保阪正康
昭和の名将と愚将　半藤一利・保阪正康
昭和史入門　保阪正康
対談　昭和史発掘　松本清張
昭和十二年の「週刊文春」　菊池信平編
昭和二十年の「文藝春秋」　文春新書編集部編

「昭和80年」戦後の読み方　中曾根康弘・西部　邁・松井孝典・松本健一
誰も「戦後」を覚えていない　鴨下信一
誰も「戦後」を覚えていない［昭和20年代後半篇］　鴨下信一
誰も「戦後」を覚えていない［昭和30年代篇］　鴨下信一
ユリ・ゲラーがやってきた　鴨下信一
評伝　若泉敬　——愛国の密使　森田吉彦
同時代も歴史である　一九七九年問題　坪内祐三
シェーの時代　泉　麻人
昭和の遺書　梯　久美子
父が子に教える昭和史　福田和也ほか
原発と原爆　有馬哲夫
歴史人口学で見た日本　速水　融
コメを選んだ日本の歴史　原田信男
閨閥の日本史　中嶋繁雄
名字と日本人　武光　誠
日本の童貞　渋谷知美
日本の偽書　藤原　明
明治・大正・昭和　30の「真実」　三代史研究会

明治・大正・昭和史　話のたね100　三代史研究会
日本文明77の鍵　梅棹忠夫編著
「悪所」の民俗誌　沖浦和光
旅芸人のいた風景　沖浦和光
貧民の帝都　塩見鮮一郎
中世の貧民　塩見鮮一郎
手紙のなかの日本人　半藤一利
日本型リーダーはなぜ失敗するのか　半藤一利
「阿修羅像」の真実　長部日出雄
日本人の誇り　藤原正彦
謎とき平清盛　本郷和人
よみがえる昭和天皇　辺見じゅん・保阪正康
高橋是清と井上準之助　鈴木　隆
信長の血統　山本博文

(2012.11) A

◆世界の国と歴史

民族の世界地図　21世紀研究会編
新・民族の世界地図　21世紀研究会編
地名の世界地図　21世紀研究会編
人名の世界地図　21世紀研究会編
常識の世界地図　21世紀研究会編
イスラームの世界地図　21世紀研究会編
色彩の世界地図　21世紀研究会編
食の世界地図　21世紀研究会編
法律の世界地図　21世紀研究会編
国旗・国家の世界地図　21世紀研究会編
ローマ人への20の質問　塩野七生
ローマ教皇とナチス　大澤武男
イタリア人と日本人、どっちがバカ?　ファブリツィオ・グラッセッリ
フランス7つの謎　小田中直樹
チャーチルの亡霊　前田洋平
ロシア 闇と魂の国家　亀山郁夫 佐藤優

パレスチナ　芝生瑞和
ハワイ王朝最後の女王　猿谷要

＊

空気と戦争　猪瀬直樹
戦争学　松村劭
新・戦争学　松村劭
名将たちの戦争学　松村劭
戦争の常識　鍛冶俊樹
戦争指揮官リンカーン　内田義雄
二十世紀をどう見るか　野田宣雄

＊

歴史とはなにか　岡田英弘
歴史の作法　山内昌之
金融恐慌とユダヤ・キリスト教　島田裕巳
池上彰の宗教がわかれば世界が見える　池上彰
池上彰の「ニュース、そこからですか!?」　池上彰
新約聖書Ⅰ　新共同訳 佐藤優解説
新約聖書Ⅱ　新共同訳 佐藤優解説

◆さまざまな人生

斎藤佑樹くんと日本人　中野翠
麻原彰晃の誕生　髙山文彦
植村直己 妻への手紙　植村直己
植村直己、挑戦を語る　文藝春秋編
天下之記者「奇人」山田一郎とその時代　高島俊男
評伝 川島芳子　寺尾紗穂
最後の国民作家 宮崎駿　酒井信
夢枕獏の奇想家列伝　夢枕獏
おかみさん　海老名香葉子
泣ける話、笑える話　徳岡孝夫 中野翠
ニュースキャスター　大越健介
生きる悪知恵　西原理恵子
ラジオのこころ　小沢昭一

◆アジアの国と歴史

中国人の歴史観　劉 傑
乾隆帝　中野美代子
蔣介石　保阪正康
もし、日本が中国に勝っていたら　趙 無眠　富坂聰訳
「南京事件」の探究　北村 稔
旅順と南京　一ノ瀬俊也
松井石根と南京事件の真実　早坂 隆
百人斬り裁判から南京へ　稲田朋美
若き世代に語る日中戦争　伊藤桂一　野田明美
中国はなぜ「反日」になったか　清水美和
外交官が見た「中国人の対日観」　道上尚史
中国共産党「天皇工作」秘録　城山英巳
中国人一億人電脳調査 共産党より日本が好き？　城山英巳
中国共産党 葬られた歴史　譚 璐美
中国の地下経済　富坂 聰
中国人民解放軍の内幕　富坂 聰
中国艶本大全　土屋英明
中国雑話 中国的思想　酒見賢一
中国を追われたウイグル人　水谷尚子
笑う中国人 毒入り中国ジョーク集　相原 茂
日中韓 歴史大論争　櫻井よしこ編著

＊

韓国人の歴史観　黒田勝弘
〝日本離れ〟できない韓国　黒田勝弘
韓国併合への道 完全版　呉 善花
竹島は日韓どちらのものか　下條正男
在日韓国人の終焉　鄭 大均
在日・強制連行の神話　鄭 大均
韓国・北朝鮮の嘘を見破る 近現代史の争点30　鄭 大均　古田博司編著
歴史の嘘を見破る 日中近現代史の争点35　中嶋嶺雄編著
中国が予測する〝北朝鮮崩壊の日〟　綾野　富坂聰編
北朝鮮・驚愕の教科書　宮塚利雄　宮塚寿美子
東アジア「反日」トライアングル　古田博司
新脱亜論　渡辺利夫
ソニーはなぜサムスンに抜かれたのか 「朝鮮日報」で読む日韓逆転　菅野朋子
金正日と金正恩の正体　李 相哲

◆考えるヒント

常識「日本の論点」　『日本の論点』編集部編
10年後の日本　『日本の論点』編集部編
10年後のあなた　『日本の論点』編集部編
27人のすごい議論　『日本の論点』編集部編
論争 格差社会　文春新書編集部編
大丈夫な日本　福田和也
孤独について　中島義道
性的唯幻論序説　岸田 秀
唯幻論物語　岸田 秀
なにもかも小林秀雄に教わった　木田 元
民主主義とは何なのか　長谷川三千子
寝ながら学べる構造主義　内田 樹
私家版・ユダヤ文化論　内田 樹
うほほいシネクラブ 街場の映画論　内田 樹
完本 紳士と淑女　徳岡孝夫
信じない人のための〈法華経〉講座　中村圭志

お坊さんだって悩んでる　玄侑宗久
静思のすすめ　大谷徹奘
平成娘巡礼記　月岡祐紀子
生き方の美学　中野孝次
なぜ日本人は賽銭を投げるのか　新谷尚紀
京都人は日本一薄情か 落第小僧の京都案内　倉部きよたか
小論文の書き方　猪瀬直樹
勝つための論文の書き方　鹿島 茂
面接力　梅森浩一
退屈力　齋藤 孝
坐《すわ》る力　齋藤 孝
断る力　勝間和代
愚の力　大谷光真
誰か「戦前」を知らないか　山本夏彦
百年分を一時間で　山本夏彦
男女の仲　山本夏彦
「秘めごと」礼賛　坂崎重盛
わが人生の案内人　澤地久枝

論争 若者論　文春新書編集部編
成功術 時間の戦略　鎌田浩毅
東大教師が新入生にすすめる本　文藝春秋編
東大教師が新入生にすすめる本2　文藝春秋編
世界がわかる理系の名著　鎌田浩毅
人気講師が教える理系脳のつくり方　村上綾一
ぼくらの頭脳の鍛え方　立花 隆 佐藤 優
人間の叡智　佐藤 優
世間も他人も気にしない　ひろ さちや
風水講義　三浦國雄
「日本人力」クイズ　清野 徹 現代言語セミナー
丸山眞男 人生の対話　中野 雄
ガンダムと日本人　多根清史
日本版白熱教室 サンデルにならって正義を考えよう　小林正弥
聞く力　阿川佐和子
選ぶ力　五木寛之
〈東大・京大式〉頭がよくなるパズル　東田大志&東大・京大パズル研究会

◆こころと健康・医学

こころと体の対話　神庭重信
人と接するのがつらい　根本橘夫
傷つくのがこわい　根本橘夫
「いい人に見られたい」症候群　根本橘夫
依存症　信田さよ子
不幸になりたがる人たち　春日武彦
親の「ぼけ」に気づいたら　斎藤正彦
100歳までボケない101の方法　白澤卓二
100歳までボケない101の方法 実践編　白澤卓二
愛と癒しのコミュニオン　鈴木秀子
心の対話者　鈴木秀子
うつは薬では治らない　上野 玲
スピリチュアル・ライフのすすめ　樫尾直樹

＊

食べ物とがん予防　坪野吉孝
わたし、ガンです ある精神科医の耐病記　頼藤和寛

あなたのための がん用語事典　国立がんセンター監修 日本医学ジャーナリスト協会編著
がんというミステリー　宮田親平
僕は、慢性末期がん　尾関良二
がん再発を防ぐ「完全食」　済陽高穂
熟年性革命報告　小林照幸
熟年恋愛講座 高齢社会の性を考える　小林照幸
熟年恋愛革命 恋こそ最高の健康法　小林照幸
アンチエイジングSEX その傾向と対策　小林照幸
こわい病気のやさしい話　山田春木
風邪から癌まで つらい病気のやさしい話　山田春木
花粉症は環境問題である　奥野修司
めまいの正体　神崎 仁
膠原病・リウマチは治る　竹内 勤
妊娠力をつける　放生 勲
脳内汚染からの脱出　岡田尊司
ダイエットの女王　伊達友美
神様は、いじわる　さかもと未明
医療鎖国 なぜ日本ではがん新薬が使えないのか　中田敏博

名医が答える「55歳からの健康力」　東嶋和子
〈達者な死に方〉練習帖 賢人たちの養生法に学ぶ　帯津良一
民間療法のウソとホント　蒲谷 茂
がん放置療法のすすめ　近藤 誠
痛みゼロのがん治療　向山雄人
最新型ウイルスでがんを滅ぼす　藤堂具紀
ごきげんな人は10年長生きできる　坪田一男
50℃洗い 人も野菜も若返る　平山一政

（2012. 11）D

◆サイエンス

◆ネットと情報

文春新書好評既刊

河合信和
ネアンデルタールと現代人
ヒトの500万年史
ネアンデルタール人は、どこから来てどこに消えたか。我々ホモ・サピエンスの出自とは何か。最新成果をふまえてその謎をあかす！
055

河合信和
人類進化99の謎
人類学の最新成果をふまえ、99のキーワードで、我々現生人類の進化の謎にせまる。明快で平易な解説は、どこから読んでも面白い
700

瀬名秀明
鈴木康夫監修
インフルエンザ21世紀
感染のしくみ、感染対策から情報処理、リスク管理まで、専門家28名の最新知見を盛り込み、ウイルスとの闘いの未来を見据える
733

山中伸弥
益川敏英
「大発見」の思考法
iPS細胞vs.素粒子
ノーベル賞物理学者益川氏とiPS細胞で全世界の注目を集める山中氏の知的刺激に満ちた対論。世紀の発見、その時脳内で何が起きるか
789

常田佐久
太陽に何が起きているか
太陽に異変が起きている。黒点の数が減り、磁場の様子もおかしい。観測衛星ひのでプロジェクト・リーダーが最新情報と地球への影響を語る
888

文藝春秋刊